时装画精品课

服装设计效果图手绘表现实用教程

QUALITY COURSE ON
FASHION
ILLUSTRATION

黄戈（H.G/GEER）编著

人民邮电出版社

北 京

图书在版编目（ＣＩＰ）数据

时装画精品课：服装设计效果图手绘表现实用教程 /
黄戈编著. -- 北京：人民邮电出版社，2018.4（2020.10重印）
ISBN 978-7-115-47580-0

Ⅰ．①时… Ⅱ．①黄… Ⅲ．①时装－绘画技法－教材
Ⅳ．①TS941.28

中国版本图书馆CIP数据核字(2017)第313435号

内 容 提 要

本书首先讲解了对时装画的基本认识，手绘工具的选择，以及时装画中的人体比例、结构、动态和着装规律，培养读者的基础打形能力，使其熟练掌握不同人体动态造型的表达方式；然后分析和详解了服装的结构，以及时装款式和细节的表现方法，并以马克笔和水彩两种不同的表达方式为主，全面解析了时装效果图的整体绘制过程和技巧，剖析了主流画材的绘画特点和绘画技法；最后讲解了时装画中配饰的绘画技法，帮助读者对时装画有更加完整的了解。

本书适合服装设计师、时尚插画师、时装爱好者和手绘初学者进行学习和临摹，同时也可以作为服装设计院校和服装培训机构的教学用书。

◆ 编　著　黄　戈（H.G/GEER）
责任编辑　杨　璐
责任印制　陈　犇

◆ 人民邮电出版社出版发行　　北京市丰台区成寿寺路 11 号
邮编　100164　电子邮件　315@ptpress.com.cn
网址　http://www.ptpress.com.cn
天津市豪迈印务有限公司印刷

◆ 开本：889×1194　1/16
印张：15.5　　　　　　　　　　　2018 年 4 月第 1 版
字数：365 千字　　　　　　　　2020 年 10 月天津第 2 次印刷

定价：99.00 元
读者服务热线：**(010)81055410**　印装质量热线：**(010)81055316**
反盗版热线：**(010)81055315**
广告经营许可证：京东市监广登字 20170147 号

前言
PREFACE

正如很多热爱时尚的朋友一样，我从小的梦想就是成为享受赞誉和拥有绚丽生活的时装设计师。最终我的梦想成真了，我成为了时装设计师、时尚插画师。我认为在梦想与现实之间的桥梁是时装手绘，这也是成为时装设计师必须要掌握的技能。

时装设计行业是一个充满挑战与竞争的行业，掌握绘制专业的时装效果图的方法是必不可少的。当与客户见面、与打版师交流或应聘时装设计师职位时，能够徒手绘制出一幅漂亮的时装画手稿，一定会加分不少，令人眼前一亮，印象深刻。时装设计师的手绘功底能反映出这个设计师对产品的表现能力和对时尚潮流的审美、判断能力。手绘能力可能会影响到客户是否对产品下单，或是招聘公司对应聘者是否能够胜任这份工作的看法。

掌握绘制时装画的技能不只可以成为时装设计师，还可以成为专业的时尚插画师。时尚插画和时装设计又有着很多的不同，时装插画是时装画中的一个分支。时装插画师更多的是追求一种对时尚艺术的鉴赏和审美，讲究个人绘画风格，因为每个人对时尚的理解都不一样，所以绘制出的图也不一样。但这一切都是基于时装画的，是由时装画延伸出来的。每一位优秀的时尚插画师都需要经历从基础绘画到形成自我风格这样一个过程。

本书主要针对学习时装画的初学者，想要提高绘画技能、提升服装设计能力的朋友也可以参考。通过学习本书内容，并与实践相结合，读者朋友会逐步形成属于自己的绘画风格。希望本书能够引导读者深入学习时装绘画的方法，感受时装绘画给我们带来的美感和乐趣，发掘创作的灵感。

这本书是我编写的第一本书，历时半年多，为了让读者能够简单明了地学会绘制时装画，我精心绘制每一幅图片，用心编写每一段文字，内容精益求精，还认真准备了人体结构造型、手部和腿部绘制的方法，以及马克笔绘制皮革案例、马克笔绘制纱质案例和水彩笔绘制印花案例的18个近600分钟的教学视频供读者下载（扫描封底二维码即可获得下载方式，如果大家在阅读或使用过程中遇到任何与本书相关的技术问题或者需要什么帮助，可以发邮件至szys@ptpress.com.cn，编辑会尽力为大家解答）。

我平时除了偶尔到公司上班、每周执教5次自己网校的课程外，还要完成与品牌合作的商稿和商演，以及直播等，其余时间都用于完成这本书的编写。编写这本书的过程真的很辛苦，很感谢家人对我的支持和理解，特别感谢我的母亲，在我不常在公司的这段时间，为我打理、安排一切的公司事务；还要感谢出版社编辑对我耐心的指导和鼓励；感谢一直以来爱我、支持我的"粉丝"。最后还要感谢"黑粉"和"网络键盘侠"，你们的出现让我能够更清楚地知道自己还有很多的不足需要改进。如果没有你们的出现，我的内心也不会越来越强大。对于本书存在的问题和不足之处，恳请大家批评、指正。

黄戈（H.G/GEER）

2017年6月12日

目录

03

时装画中的人体动态与着装表现 /065

04

时装画中的服装款式与细节表现 /093

01

时装画

的基本认识与
手绘工具介绍

1.1 时装画的起源和概述

　　时装画从最初形成发展到今天已经有400多年的历史。最早以洞穴画、壁画及肖像画等形式来表现各个时代的服装演变。一直以来，艺术家们从服装和面料中获取灵感。时装画家描绘着不同时期的服装，宣传服装的同时也在宣扬各个时期的文化特点及各个时期的时装设计者。

时装画

1.1.1 早期时装画

　　时装画始于16世纪，人物服装图主要以雕刻、蚀刻或木刻的方式来表现。17世纪中期，画家温赛斯勒·霍勒（Wenceslaus Hollar）以其蚀刻作品描绘了当时的英国时装，风格上传承了早期时装的绘画特点。17世纪60年代，法国国王路易十四大力推崇带有时装画的杂志，最早的时装杂志出现。

　　18世纪中后期，法国的时装工业首次达到了顶峰。1838年，法国物理学家达盖尔发明了摄影技术。1907年，法国卢米埃尔兄弟发明了彩色摄影技术。在第二次世界大战前后，摄影技术基本取代了绘画的地位，时装绘画不可避免地受到了影响。

1.1.2 20世纪时装画的发展

20世纪初，时装画只是作为时装的一种具有美学形式的附属品而存在。阿方斯·穆夏（Alphonse Mucha）和查尔斯·戴纳·吉布森（Charles Dana Gibson）都以画美女成名。他们的绘画对当时的时装影响深远。穆夏笔下的女性形象举止优雅。吉布森的"生活方式"插画塑造了独特的"吉布森女孩"形象，成为一代年轻、时髦女性的象征。

1900~1910年的时装画风格是20世纪时装画发展的里程碑。最著名的当属俄裔画家埃尔泰（Erte，笔名）。他与《Harper's Bazaar》（《时尚芭莎》）杂志签约，完成了他想成为一名时装画画家的梦想。

对时装界最具影响的两位女性分别是嘉布里尔·可可·香奈儿（Gabrielle Coco Chanel）和玛德琳·维奥娜（Madame Vionnet）。随着20世纪20年代艺术作品与时装向简约、棱角分明、线条化方向发展，时装画中的时装人物也发生了改变。

20世纪30年代，时装画回归到较为实际的女性形象，绘画线条变得柔和并且富有质感。

20世纪40年代，时装画风格延续了该世纪30年代的浪漫主义风格。

20世纪50年代，是发展和物质富足的时代。电影和电视中的精彩描述反映了当时人们的丰富生活。

20世纪60年代，青少年文化成为主流，时尚理念不断年轻化，人们更加追求自由。人物姿态由端正、矜持变得活泼、可爱。

20世纪70年代，摄影仍然占据时装杂志及广告的统治地位。新的时装画画家受到波普艺术和迷幻艺术的影响，时装画的特色是色彩丰富、花式浓重。

一种完全不同于以往的新风格在20世纪80年代出现，时装画卷土重来。宽大的人物肩部、突兀的尖角造型潮流装束正需要当时的时装画画家来表现。模特妆容富于表现力，人物姿态戏剧化。

20世纪末，电脑制作图片与数码技术丰富了时装画，使时装画更真实地回归城市生活中，时装画不再只聚焦在完美无瑕的模特身上，而开始延伸至对普通人们的生活表现上。

时装画

1.2 时装画的分类

1.2.1 时装草图

时装草图分为：时装速写和设计草图两种。

时装速写和设计草图，往往是抽象的、具有活跃感的，甚至是没有完成的作品。它们主要用于设计者快速记录最初的构思或捕捉瞬间的灵感，它可以在任何时间、地点，以任何工具随手呈现出设计者脑中的构思或设计，并不追求画面的完整性和一些细节。通常会在时装草图旁边配上一些文字进行描述，或者记录一些灵感来源和色彩搭配。多数草图是按设计者自己独特的风格快速绘制的，其目的在于传递一种情绪或态度，超出视觉上所指的时装。

时装速写

设计草图

1.2.2 时装设计图

时装设计图分为：时装设计效果图、时装款式工业制图和时装打版裁剪图3种。

◎ 时装设计效果图

时装设计效果图可以更加完整、具体地表现时装设计师的作品，全方位地展示时装的款式、整体搭配、色彩搭配、服装细节及配饰搭配等，同时传达时装设计师想表达的情感和设计观念。

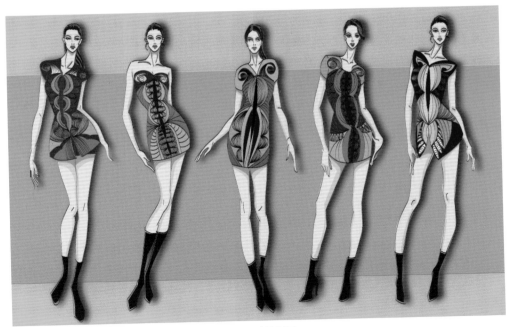

时装设计效果图

◎ 时装款式工业制图

　　时装款式工业制图即时装工艺图或时装平面图，其绘制是以生产为目的，与生产规格、款式细节等密切相关。时装款式工业制图是以工艺内容为主的对单件时装的精确呈现，它用精确的线条传达整件服装的详细工艺信息，便于工厂生产和制作。

时装款式工业制图

◎ 时装打版裁剪图

　　时装打版裁剪图主要是提供给服装制作者的，属于一种技术性很高的制图，一般由打版师或设计师绘制。时装打版裁剪图不同于时装设计效果图和款式工业制图，它对整个服装进行了详细的分解，即用曲线、直线、斜线和弧线等特殊线条及符号将服装造型分解、展开成平面裁剪方法的图。

时装打版剪裁图

1.2.3 时装插画

　　时装插画分为：商业时装插画和艺术欣赏类时装插画两种。

　　时装插画是时装画的一种具体表现手法，体现了时装艺术的表现形式和时装设计师自身的艺术个性。换言之，时装插画并不是对一件时装或整个系列时装的精确展示，更多的是为了表达时装设计的艺术魅力或视觉效果。我们也可以认为时装插画与时装设计是有区别的，尽管两者以互补的形式存在，并且在时装艺术方面是共通的。

◎ 商业时装插画

　　这种时装画是时装插画师为指定的时装品牌、时尚产品或时尚活动专门绘制的，用于商业宣传，突出品牌、产品或活动的主题和思想，使商业产品能够更加融入生活的表现形式。

商业时装插画

◎ 艺术欣赏类时装插画

　　这种时装画本身就是艺术品，通过时装插画家独有的审美观，使画面表现出插画家的情绪和思想。让读者通过绘画的形式感受到画家想表达的情感和个人风格。

艺术欣赏类时装插画

1.3 服装手绘常用工具

下面，为大家介绍服装手绘常用的工具，同时根据笔者多年的绘画经验为大家推荐了一些不错的绘图工具品牌，大家可以根据自己的实际情况进行选择。另外，马克笔和水彩是本书重点介绍的工具，在后面将安排大量的案例进行练习，希望大家能熟练掌握。

1.3.1 马克笔

马克笔，又称记号笔。是一种书写或绘画专用的彩笔，本身含有墨水，且通常附有笔盖。马克笔具有挥发性，因此一般用于一次性的快速绘画。马克笔按笔头分为：纤维型笔头和发泡型笔头。按墨水分类分为：油性马克笔、酒精性马克笔和水性马克笔。

马克笔笔头的材质不同，有软硬之分，一般进口马克笔多为软头，而国产马克笔多为硬头。绘制服装效果图时，一般建议使用软头马克笔。由于服装面料多为柔软的质地，软头可以更好地表现出面料的质感。但软头马克笔普遍价位比较高，所以建议初学者购买国产touch马克笔，该款马克笔颜色丰富，价格适中。在购买马克笔时，可以单独配几支专用的软头肤色马克笔，能更好地绘制人物的皮肤质感。

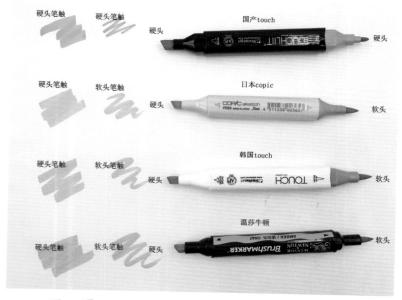

用马克笔绘制的时装画

马克笔使用技巧

① 绘制马克笔时装画时，都是由浅至深进行上色。

② 在运笔过程中，下笔要果断、快速、准确，所以马克笔相对水彩和彩色铅笔更难把握，对绘画要求较高。

③ 排色时注意按照服装面料的走向运笔，注意高光处要有留白。

1.3.2 水彩

水彩按特性分为两种：透明水彩和不透明水彩。

水彩一般称为水彩颜料。透明水彩的透明度高，色彩重叠时，下面的颜色会透过来。色彩鲜艳度不如彩色墨水，但着色较深，适合喜欢古典色调的人群。画作长期保存不易变色。

水粉又称广告色，是不透明水彩颜料。可以用于较厚的着色，大面积上色时也不会出现不均匀的现象。虽然同属于不透明颜料，但水粉一般要比丙烯便宜，但在着色、颜色数量及画作保存方面会比丙烯稍逊。大家可以根据不同情况进行选购。

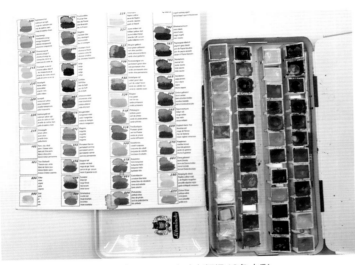

史明克（Schminoke）大师级48色水彩

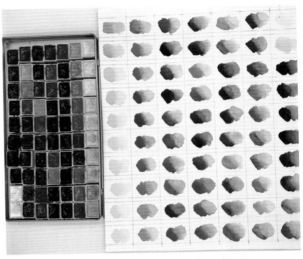

格雷姆（M.Graham）艺术家级别水彩

泰伦斯（Talens）彩色墨水

泰伦斯（Talens)水彩墨水绘制效果

史明克（Schmincke）固彩+泰伦斯（Talens）水彩墨水

下面，为大家介绍用于绘制水彩的笔类工具。

水彩毛笔：水彩毛笔的笔头主要分为动物毛和人工纤维（混合纤维或尼龙）两类。动物毛软，吸水性强、蘸色能力强，不用反复蘸取颜色。人工纤维硬，吸水能力差，笔锋固定，适合刻画细节。

笔者习惯先用动物毛笔头的水彩毛笔进行第1层的颜色平铺和大面积的颜色平铺。等水彩颜料变干后，再用人工纤维笔头的水彩毛笔进行细节刻画。由于时装画中的人物五官和一些面料花纹非常精细，人工纤维短圆头类的水彩毛笔可以很好地控制水分、笔触和画面整洁度。

丙烯毛笔：一般丙烯颜料变干后很难清洗，建议使用专业的丙烯颜料画笔（丙烯毛笔）。丙烯颜料画笔整体都会比水彩毛笔的笔头硬，可以很好地绘制出面料的纹理和笔触。

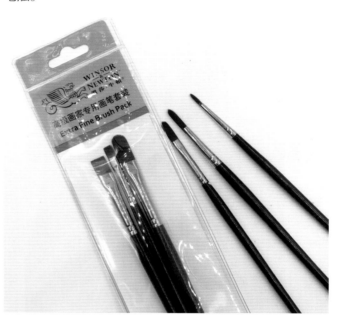

自来水笔：笔者很喜欢这款人工混合纤维水彩笔，使用起来非常方便，可以省去很多蘸水和洗笔的时间。对于外出写生，自来水笔是一个非常不错的选择。

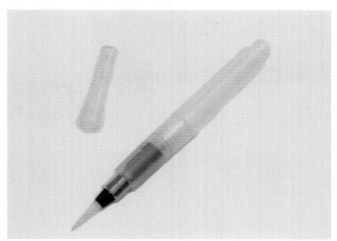

水彩+丙烯+数码后期

水彩使用小技巧

① 对于水分的控制是使用水彩上色的关键。

② 待第1层颜色变干后再上第2层颜色，以免造成画面不整洁。

③ 要降低水彩的饱和度，只要多加水即可。

1.3.3 彩色铅笔

彩色铅笔（简称彩铅）分为两种：油性彩铅（蜡质彩铅）和水溶性彩铅。

油性彩铅：大多数为蜡质，色彩丰富，表现效果艳丽多彩。

水溶性彩铅：又称水彩色铅笔，它的笔芯能够溶解于水。使用水溶性彩铅绘制的图画遇水后，色彩会晕染开，可以表现水彩般的透明感。使用水溶性彩铅绘制的图画在不遇水时，效果与油性彩铅是一样的。

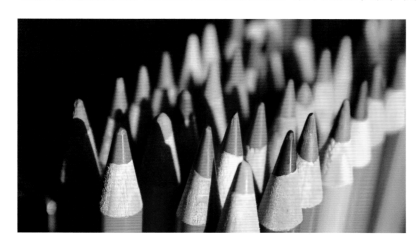

1.3.4 起稿勾线工具

Pentel 0.3自动铅笔：一般时装画都绘制在A4大小的纸上，所以人物五官特别小，同时绘制带花纹的服装面料时需要仔细刻画，因此建议选择Pentel 0.3号这种较细的自动铅笔。

橡皮：一般建议同时准备可塑橡皮和绘图橡皮。使用可塑橡皮可以对于五官和服装面料细节进行处理，使用绘图橡皮可以对图画进行大面积修改。可以选配"Mono蜻蜓"角型工程绘图橡皮、施德楼自动橡皮，使用这两种橡皮都可以对细节处理得很棒。

彩色自动铅笔：在水彩起稿并进行第1遍勾线时可以使用。性能同彩铅一样，只是比彩铅更方便一些。

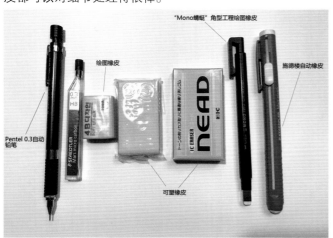

小楷勾线笔：主要用于马克笔时装效果图勾线，只要加强训练就可以画出很流畅的线条。东阳小楷勾线笔价格很实惠，笔触也很美。从价格方面来看，吴竹小楷勾线笔高于东阳小楷勾线笔，笔头比东阳小楷勾线笔稍硬。

针管笔：Copic 0.03棕褐色针管笔和Copic 0.03黑色针管笔用来勾画人物五官和一些非常细致的线条。此款针管笔为防水针管笔（画作防水）。

1.3.5 纸类工具

A4复印纸（规格为80g/m²）：价格很实惠，适用于大量练习绘制人体模特，使用彩铅、马克笔等均可。

硫酸纸：适合初学者进行描摹练习。

彩色虎皮纹卡纸：可以用于后期的时装插画创作。

木浆水彩纸：可以用于绘制赏析类的时装插画，能绘制出非常美丽的水痕。推荐使用Clairefontaine水彩纸，能很好地保持色彩鲜艳度，颜色未干时可以擦拭。初学者可以选择康颂水彩纸（规格为200g/m²），价格适中。

棉浆水彩纸：可以绘制一些非常细致的水彩画，对处理细节晕染非常细腻。推荐大家使用阿诗、获多福这两款棉质水彩纸。

1.3.6 其他辅助工具

高光提亮工具：常见的有高光提亮笔和高光墨水两大类。推荐使用吴竹和Copic这两款高光墨水，墨水覆盖力强，配合自来水笔使用，提亮效果非常好。使用高光提亮笔可能会出现出水不够流畅的情况。

纤维笔：斯塔、慕娜美这两款纤维笔的性价比较高，混色效果很好，非常适合绘制五官和服装面料花纹等细节。不过使用这两款纤维笔绘制的图画不防水。

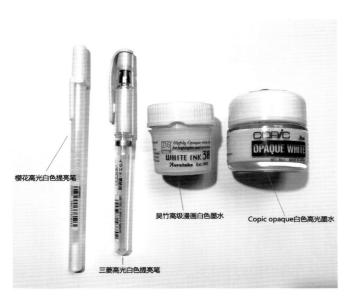

樱花高光白色提亮笔
三菱高光白色提亮笔
吴竹高级漫画白色墨水
Copic opaque白色高光墨水

留白液：绘制水彩花纹细节时，可以先用留白液进行绘制。注意使用留白液要配合硅胶笔，因为留白液具有一定黏性，会伤害毛笔。

喷壶：用于绘制服装面料时的渲染，进行大面积的铺水。

电动卷笔刀：画时装画很多时候都需要很尖的铅笔，电动卷笔刀可以大大减少削铅笔的时间，提高工作效率。

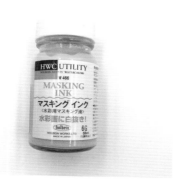  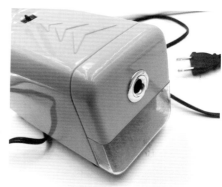

1.3.7 数码技术

数码绘画的基本工具有：电脑、手绘板、扫描仪、数码相机等电子产品。使用电脑绘图可以很方便地将作品保存至电脑中。常用的软件有Photoshop和Illustrator。

Photoshop：具有强大的滤镜功能，可以制作出各种特效，还可以制作图案、纹理和服装面料效果。同时可以对手绘的原图进行后期的背景渲染。

Illustrator：特别适合绘制矢量风格的时装画和艺术插画。很多时装工业制图都会使用Illustrator进行绘制。

Photoshop绘制

Photoshop绘制

Illustrator绘制

Illustrator绘制

数码时装画

02

时装画
中的人体比例
与结构表现

2.1 时装画中的人体比例

　　在时装画中，通常人体的比例会被作者夸大和风格化，在女装时装画中尤为明显。就时装画而言，它代表了理想化的人体结构比例而不是实际的人体形态。实际站姿人体的高度为7或7.5个头长；在时装画中大多数站姿人体的高度为9~10个头长，大部分增加的高度是通过拉长腿部来实现的，也有少许是拉长脖颈和腰部以上的躯干部位。

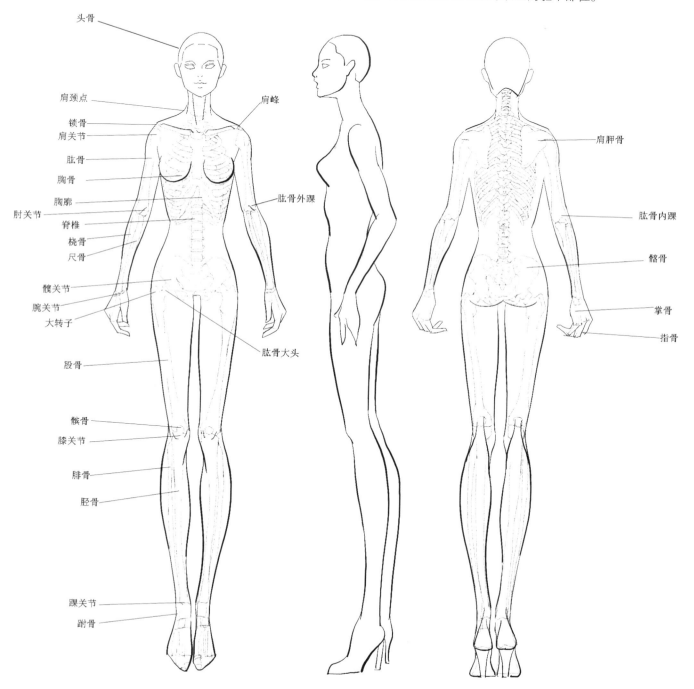

头骨

肩颈点　　　　　　　　　　　　　肩峰
锁骨
肩关节
肱骨
胸骨
胸廓　　　　　　　　　　　　　肱骨外踝
肘关节
脊椎
桡骨
尺骨
髋关节
腕关节
大转子
　　　　　　　　　　　　　肱骨大头
股骨

肩胛骨
肱骨内踝
髂骨
掌骨
指骨

髌骨
膝关节
腓骨
胫骨

踝关节
跗骨

2.1.1 女性人体比例

如果按照1:9.5的头身比例来画女性人体，可以按照以下原则。

① 肩宽=1.5个头长，腰宽=1个头长，臀宽=1.5个头长，手长=3/4头长。

② 肩线的位置在第1线至第2线的1/2处偏上一点。

③ 腰线和胳膊肘的位置在第3线上。

④ 手腕和耻骨点的位置在第4线上。

⑤ 臀线的位置在第3线至第4线的1/2处。

⑥ 膝盖骨的位置在第6线上，脚踝的位置在第8线至第9线的1/2处。

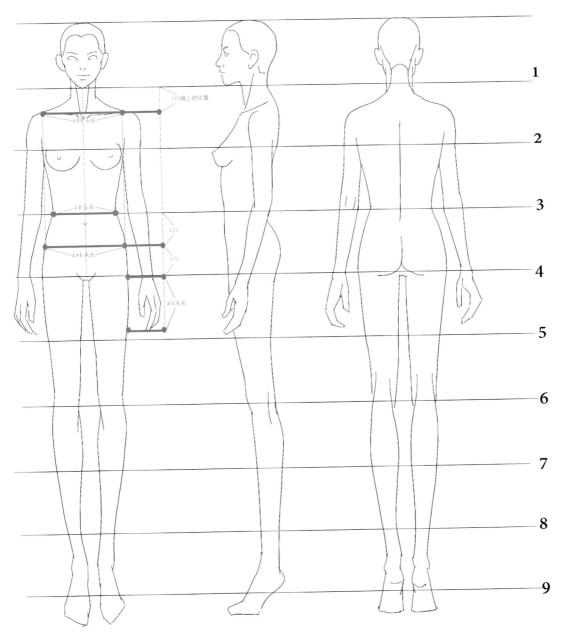

2.1.2 男性人体比例

如果按照1:9.5的头身比例来画男性人体，可以按照以下原则。

① 肩宽=2个头长，腰宽=1个头长，臀宽=1.5个头长。在同一年龄阶段中与女性人体相比，男性人体的小臂略长，成年男性的手臂自然下垂时中指指尖超过大腿中部。

② 肩线的位置在第1线至第2线的1/2处。

③ 腰线的位置在第3线上。

④ 手腕和耻骨点的位置在第4线上。

⑤ 臀线的位置在第3线至第4线的1/2处。

⑥ 膝盖骨的位置在第6线上，脚踝的位置在第8线至第9线的1/2处。

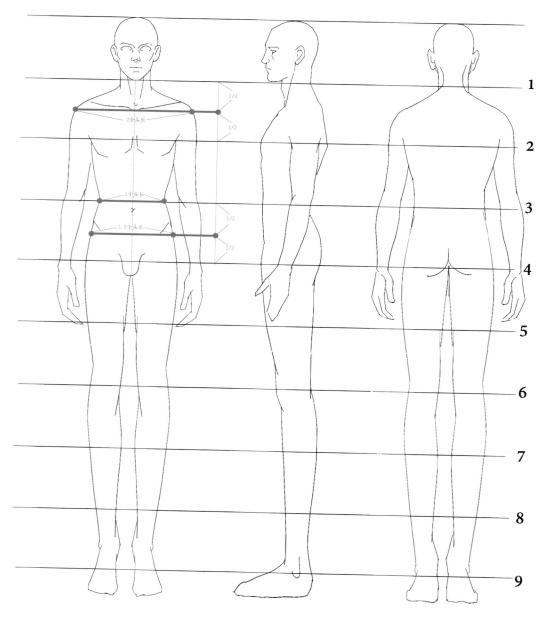

2.1.3 儿童人体比例

    下图所示为5~6岁的儿童人体比例，除了在身体比例上与成人不同，儿童的头部更加浑圆，五官也更加集中。随着年龄的增长，头部会变长，五官也会舒展长开。

    2~4岁：一般按照1:4的头身比例绘制。在这个年龄段，躯干均匀地分成3部分：胸、肚子和臀部。

    5~6岁：一般按照1:5的头身比例绘制。

    7~9岁：一般按照1:6的头身比例绘制。

    10~12岁：一般按照1:8的头身比例绘制。

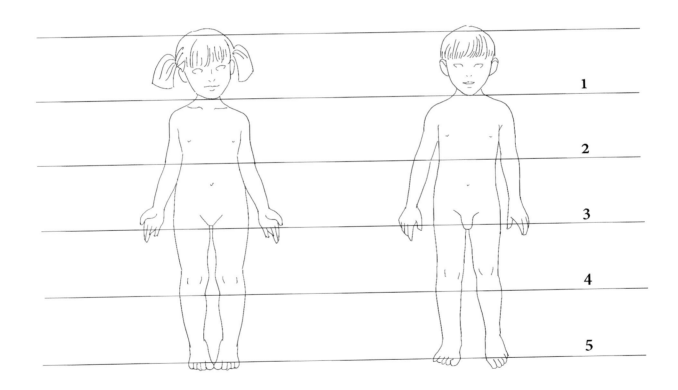

2.2 头部和五官结构分析与手绘表现

2.2.1 头部的比例与明暗关系

　　头部的比例关系可以概括为"三庭五眼"。

　　① 眼睛位于整个头长的1/2处（个人认为，从发际线开始至下巴的1/2处画更好看），眉毛的位置高于眼睛的位置，具体高多少可以根据自己的画风和秀场模特的妆容来确定。

　　② 鼻子位于眉毛至下巴的1/2处。

　　③ 嘴巴位于鼻子至下巴的1/3处。

　　④ 正面头宽为5只眼睛的宽度。

　　⑤ 正侧面的头部呈正方形，宽度大于正面的宽度。

下图中用红色斜线标注的地方即为一般情况下脸部的暗部，其余为亮部。

2.2.2 眼部的塑造与明暗关系

眼睛是心灵的窗户，可以表现出一个人的精神面貌和风采。同时，人的情绪也可以通过眼睛来传达。

Step1 确定眼睛和眉毛的位置。

Step2 绘制出双眼皮和眼珠。

Step3 刻画眼部细节。

 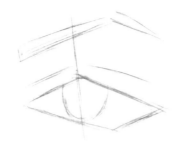 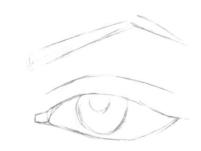

Step4 仔细绘制出眼珠和眼部结构。

Step5 用彩铅对眼部进行勾线。

Step6 先用肤色对眼窝进行平涂。

Step7 用棕褐色平涂眉毛，然后对眼窝进行第1层加深。

Step8 逐步对眼窝、双眼皮进行加深，画出眼部的暗部，凸显立体感。

Step9 刻画眉毛，然后对眼珠进行平涂。

Step10 加重上下睫毛的色调，然后画出虹膜和瞳孔。

Step11 刻画眼球细节，塑造眼部的立体感。

Step12 增加上下睫毛，并对眼珠进行提亮。

◎ 侧面眼睛的绘制

Step1 确定侧面眼部的位置。

Step2 绘制眼部结构。

Step3 细化眼部结构，擦掉多余的辅助线。

Step4 用彩铅对眼部进行勾线。

Step5 用最浅的肤色平涂眼部。

Step6 对眼窝进行第1层加深。

Step7 绘制上下眼睑和眼球。

Step8 刻画眉毛，然后加深上下眼睑的色调，同时加深眼球部分。

Step9 增加上下睫毛，并对眼球进行提亮。

▶ 绘制技巧

眼球不可以画成一片黑色，要有黑白灰层次的变化，并且留有一定的空白，色调可以丰富一点，使得眼部更加灵动。瞳孔和眼球部分为深色，靠近瞳孔位置需要留出眼球高光，或者最后用高光白对眼球进行提亮。眼球上半部要有眼睑的阴影，下半部颜色略浅。

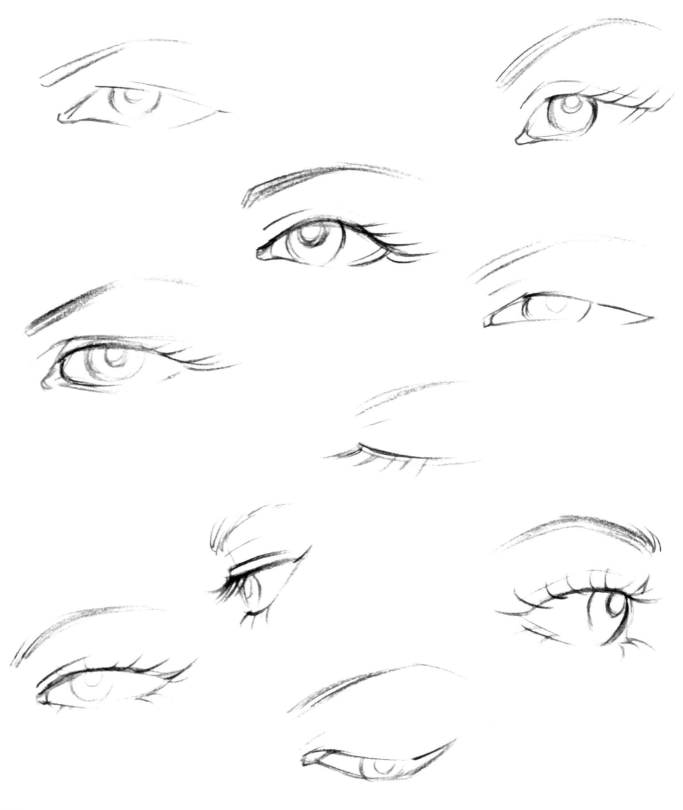

2.2.3 鼻子的塑造与明暗关系

在时装画中，人物的鼻子需要简化，可以概括为鼻梁、鼻翼和鼻底3部分。切记，不可过度刻画鼻部的细节。

◎ 正面鼻子的绘制

Step1 用几何体勾勒出鼻子的基本轮廓。　Step2 确定鼻翼和鼻孔的位置。

Step3 刻画鼻子的细节，画出皮肤柔和的感觉。

Step4 用肤色对鼻子进行平涂。

Step5 对鼻梁和鼻底位置进行加深。

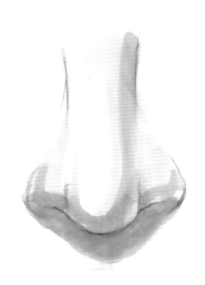

Step6 用小楷勾线笔对鼻底进行勾线，强调暗部。

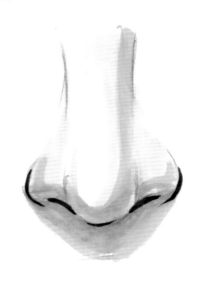

◎ 侧面鼻子的绘制

Step1 如果从人物侧面观察，只能看到鼻子的一面鼻翼，可以将其概括为三角形。

Step2 确定鼻头和鼻孔的位置。

Step3 细化鼻部结构。

Step4 用肤色以平涂的方式给鼻子上色。

Step5 用深一号的肤色对鼻底进行加深。

Step6 用小楷勾线笔对鼻梁、鼻翼和鼻底进行勾勒，强调结构关系。

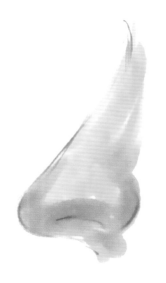
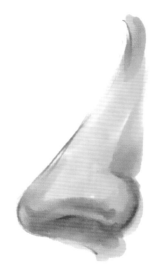

▶ 绘制技巧

在时装画中，对于人物鼻子的表现要把握重点，注意大致外形和方向。鼻子不需要过多的刻画。

◎ 不同鼻子的表现

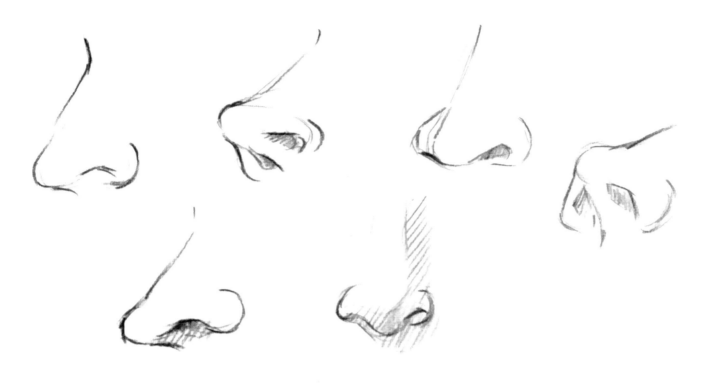

2.2.4 耳朵的塑造与明暗关系

通过不同的角度观察，耳朵会产生不同的透视效果，耳朵位于两颊的睫毛线和鼻底线之间。

◎ 耳朵的绘制

Step1 对耳部的结构进行勾勒，画出大致的外形。

Step2 确定耳朵内部的结构和耳垂的形状。

Step3 细化耳朵结构。

Step4 用彩铅对耳部进行勾线。

Step5 用浅肤色对耳部进行平涂上色。

Step6 对耳朵内部进行加深，塑造立体感。

Step7 用小楷勾线笔勾勒出暗部，完成绘制。

绘制技巧

侧面耳部的曲线凸起更为明显。耳朵由外耳郭和内耳郭组成，外耳郭有厚度，绘制时要将它的厚度变化表现出来。

◎ 不同耳朵的表现

2.2.5 嘴巴的塑造与明暗关系

嘴巴能体现出人整体的精神和气质，绘制时要与其他五官相协调。

◎ 正面嘴巴的绘制

Step1 确定嘴巴的基本比例和位置。

Step2 确定唇珠的位置，大致勾勒出上下嘴唇的结构。

Step3 细化嘴巴结构。

Step4 对唇缝和下嘴唇的暗部进行平涂上色。

Step5 对整个唇部进行平涂上色。

Step6 再次加深唇缝的暗部色调，塑造出立体感。

Step7 用小楷勾线笔对唇缝和嘴角进行勾勒，强调结构关系，完成绘制。

◎ 3/4面嘴巴的绘制

Step1 确定嘴巴的比例和位置，注意透视关系。

Step2 绘制出嘴巴的大致外形。

Step3 细化嘴巴结构，注意唇部上唇珠的转折面。

Step4 对嘴巴进行平涂上色，注意对唇缝和下嘴唇进行加深。

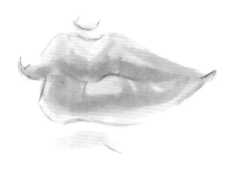

Step5 再次强调唇缝和下嘴唇的暗部，凸显嘴巴的立体感。

Step6 用小楷勾线笔对唇缝、嘴角和唇底进行勾勒。

◎ 侧面嘴巴的绘制

Step1 确定嘴巴的比例和位置。

Step2 画出嘴巴的大致外形。

Step3 对唇部进行平涂上色。

Step4 加深唇缝、下嘴唇、嘴角和唇底的色调。

Step5 用小楷勾线笔对唇缝、唇底和嘴角进行勾勒，强调出嘴巴的立体感。

▶ 绘制技巧

　　绘制嘴巴的时候，一般下嘴唇比上嘴唇要厚一些。在时装画中，嘴巴要处理得简明扼要，可以将其归纳为精炼的线条。

◎ 不同嘴巴的表现

2.2.6 发型的塑造与明暗关系

◎ 发型的造型表现

Step1 用铅笔轻轻描绘出头部的大致外形。

Step2 确定五官的位置和发型的轮廓。

Step3 刻画五官并画出头发的走向。

Step4 细致刻画五官造型，然后根据头发的走向，画出发丝。暗部的头发画得密一些，亮部的头发画得松散一些。

◎ 发型的明暗关系

Step1 根据前面的方法绘制出线稿。

Step2 用小楷勾线笔勾出发型和五官的线条。

Step3 用Copic马克笔的E00号对脸部平涂上色，然后用Copic马克笔的E01号将眼窝、鼻侧影、鼻底、嘴唇、唇底、下颚、颧骨和头发暗部加深。

Step4 用浅黄色平涂头发。

Step5 用比上一步深一号的马克笔根据头发的走向进行加深。

Step6 用比上一步更深一号的马克笔加深发根和暗部。

Step7 用比之前都深的颜色强调暗部，呈现出发型的立体感。

◎ 各种发型赏析

2.3 四肢的结构分析与手绘表现

2.3.1 手部的结构与明暗关系

◎ 手部结构

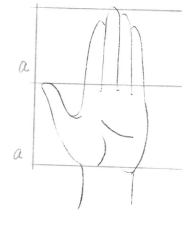

在时装画中，无论人物为哪种姿势，都要将人物的左右手同时画出，并利用掌围和手的前中线，画出有透视感的双手。手由手掌和手指组成，手的姿势变化丰富。

在时装画中，只需要以简单的线条画出手的形态，绘制出大致轮廓即可。

◎ 手部明暗关系

Step1 绘制手部的线稿，展现出手部的优美线条。

Step2 先对整个手部进行平涂，再加深手部的暗部，塑造出立体感。

2.3.2 手部的造型表现

◎ 自然下垂的手部造型

Step1 勾勒手部的大致
轮廓。

Step2 确定手指的位置。

Step3 根据确定的位置画出
手指的基本形状，注意相互之
间的比例和位置关系。

Step4 细化手指和手掌，
完成绘制。

◎ 摆动的手部造型

Step1 绘制出手部的大致外形，
注意比例和透视。

Step2 确定手指的位置，并大致
勾画出基本结构。

Step3 细化手部结构，擦掉多余
的辅助线，完成绘制。

◎ 手部叉腰造型

Step1 绘制出手部的大致外形，注意手指之间的关系和受力点。　　Step2 画出手指的细节，注意转折关系。

◎ 行走时的手部造型

Step1 绘制出手部的大致外形，注意动态的表现。　　Step2 根据确定的大致位置画出手指造型。　　Step3 细化手部结构，擦掉多余的辅助线，完成绘制。

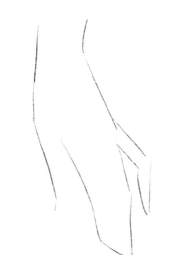 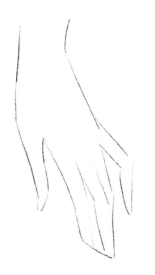 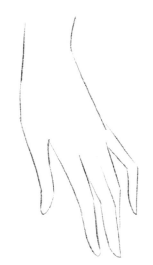

◎ 有支撑的手部造型

Step1 画出食指和拇指的指尖，然后画出后面3根手指的大致外形。　　Step2 根据结构和透视关系画出后面3根手指的造型。　　Step3 刻画手指，并擦掉多余的辅助线，绘制完成。

◎ 半握的手部造型

Step1 绘制出手部的大致外形。

Step2 根据结构线确定手指的具体位置。

Step3 细化手指，并擦掉多余的辅助线，完成绘制。

◎ 手指下垂的造型

Step1 确定手指的方向，概括地画出手部的外形。

Step2 根据手部动态，画出手指。

Step3 细化手部，擦掉多余的辅助线，完成绘制。

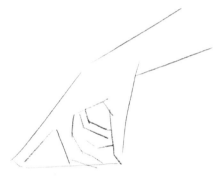

◎ 手指上扬的造型

Step1 根据手指的动态造型，绘制出拇指、食指和后面3根手指的外形。

Step2 确定手指的位置，明确各部分的结构。

Step3 细化手指和手掌，并擦掉多余的辅助线，完成绘制。

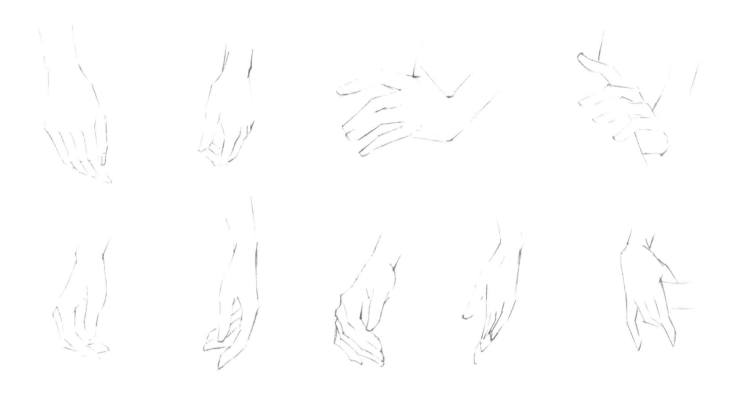

2.3.3 手臂的结构与明暗关系

◎ 手臂结构

　　手臂的绘制可以分为两个部分：上手臂和下手臂。在各种人物造型中，无论手臂伸直、合拢或弯曲，都需要将上手臂与下手臂绘制为等同的长度。手臂的长度与躯干长度呈正比。

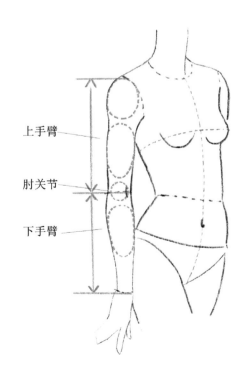

上手臂

肘关节

下手臂

在时装画中，绘制上手臂时会拉长其长度、简化骨骼和肌肉，使其形象理想化。肩部有个明显的弯曲，从该部位向下逐渐收细，直到肘部；然后肌肉又逐渐变宽，再向下一直收细到手腕部位。

注意： 绘制出的合拢或弯曲造型的手臂比伸展手臂更短。

当手臂弯曲时，上手臂和下手臂的比例相同，这点非常重要。手臂曲线更明显，注意曲线指的是肘部以下的下手臂位置。

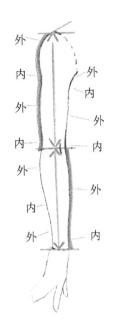
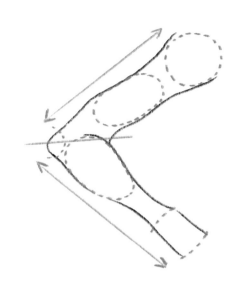
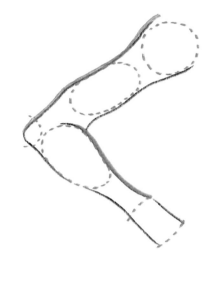

◎ 手臂明暗关系

Step1 绘制出手臂的线稿，然后根据结构关系用浅肤色对手臂进行平涂上色。

Step2 用深一号的肤色颜料，加深手臂的明暗交界处，塑造出手臂的立体感。

2.3.4 手臂的造型表现

◎ 手臂叉腰的造型

Step1 根据手臂的动态，绘制出手臂的大致外形。

Step2 确定肩关节、肘关节和腕关节的位置，然后确定手指关节的位置。

Step3 细化手臂线条，注意线的轻重变化，同时刻画手部。

Step4 擦掉多余的辅助线，完成绘制。

◎ 自然下垂的手臂造型

Step1 根据手臂下垂的动态，绘制出手臂的外形，同时确定肩关节、肘关节和腕关节的位置。

Step2 细化手臂的结构，绘制出整个手臂和手部造型。

Step3 擦掉多余的结构辅助线，对手臂和手部线条进行细致的刻画，完成绘制。

◎ 手臂抬起的造型

Step1 根据手部的动态绘制外形，同时确定肘关节和腕关节的位置。

Step2 根据轮廓线完善结构，画出手指的造型。

Step3 细化手臂的结构线条，使各个部分的结构关系更加明确。

Step4 擦掉多余的辅助线，完成手臂的绘制。

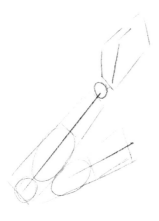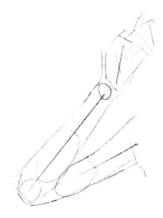

◎ 手臂弯曲的造型

Step1 根据手臂的动态，绘制出手臂的外形。注意比例和结构。

Step2 用概括的方式确定手臂的肩关节和肘关节。

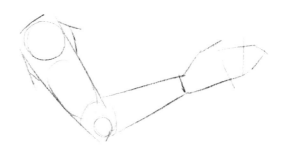

Step3 根据肌肉的走向和结构关系细化手臂的线条，然后绘制出手指。

Step4 擦掉多余的辅助线，细化各个部位的结构，完成绘制。

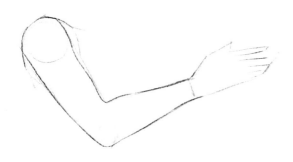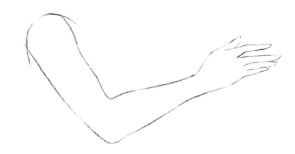

2.3.5 腿部的结构与明暗关系

◎ 腿部结构

在时装画中，采用简化的方式对人体的腿部结构进行表现。

① 大腿的长度等于小腿的长度。

② 腿的前中线要与腿部曲线一致。

③ 腿的前中线与腿转动的方向相同。

④ 大腿（膝盖以上的腿）要比小腿（膝盖以下的腿）粗。

⑤ 腿部正面中心线可以按照腿部轮廓弯曲，摆出造型。

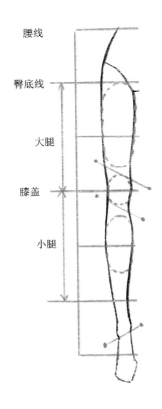

腰线

臀底线

大腿

膝盖

小腿

◎ 腿部明暗关系

Step1 绘制出腿部的线稿，然后用浅肤色颜料对腿部进行平涂。

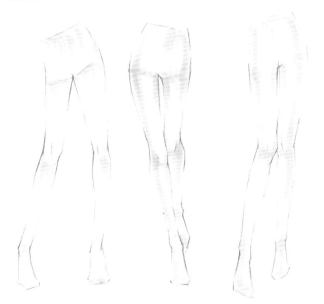

Step2 用深一号的肤色颜料加深腿部的明暗交界处，塑造腿部的立体感。

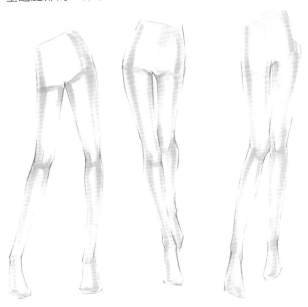

2.3.6 腿部的造型表现

如果腿部发生了动态变化，就会产生透视变化。如果腿的某一部分看起来要比对应的另一部分长或短，这通常意味着身体的这部分离观看者的视平线更近或更远。

◎ 站姿腿部造型

Step1 根据腿部的动态和关节的位置，用线条勾勒出基本的轮廓和结构。

Step2 根据腿部关节和肌肉的位置，细化腿部的结构线，注意线条的虚实变化。

◎ 单腿弯曲站姿造型

Step1 根据腿部动态，用简单的线条和形体画出辅助线。

Step2 根据腿部辅助线，细化腿部结构，注意两腿的遮挡关系和动态。

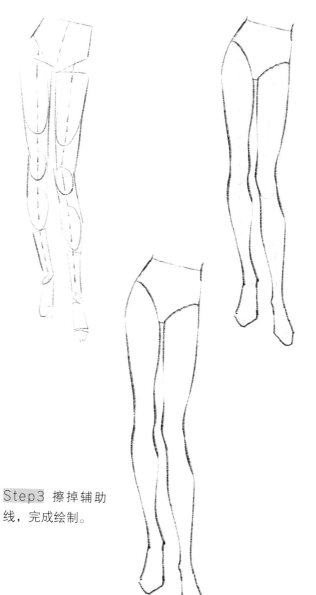

Step3 擦掉辅助线，完成绘制。

Step3 擦掉多余的辅助线，完成绘制。注意线条的轻重变化。

◎ 双腿分开站姿造型

Step1 根据腿部的基本比例关系，绘制出腿部大致外形。

Step2 根据腿部辅助线，细化腿部的造型和线条，最后擦掉辅助线，完成绘制。

◎ 双腿交叉站姿造型

Step1 确定臀部、膝关节和踝关节的位置，塑造出腿部的外形。

Step2 根据辅助线，绘制出大腿和小腿的线条，完成绘制。

◎ 侧面腿部坐姿造型

Step1 确定腰线、臀线和膝盖关节的位置。

Step2 根据辅助线，细化臀部和腿部的线条。

Step3 擦掉多余的辅助线，完成绘制。

Step1 根据动态造型,确定腿部的基本比例,大致确定各个结构的关系。

Step2 根据关节和肌肉的位置,细化腿部的线条和造型。

Step3 擦掉多余的辅助线,完成绘制。

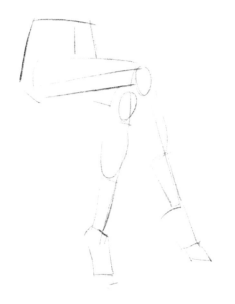  

◎ 人物走动时的腿部造型

Step1 用简单的线条勾勒出腿部动态造型和关节。

Step2 细化腿部造型,完成绘制。

◎ 腿部动态造型赏析

2.3.7 足部的结构和明暗关系

◎ 足部结构

　　足部由足尖、足撑、足弓、足跟等部分构成。脚的侧面造型是从脚尖朝一边转到脚后跟。脚趾几乎看不到，脚跟完全可见，脚踝也完全可见。以不同的角度看足部，会产生不一样的透视效果，都会是不一样的造型。

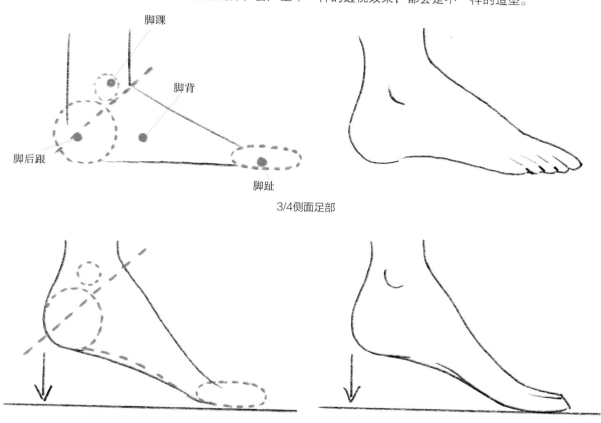

3/4侧面足部

3/4侧面足部

◎ 足部明暗关系

Step1 绘制出足部的线稿，先用浅肤色进行平涂。

Step2 根据足部的明暗交界线，对暗部进行加深绘制，塑造立体感。

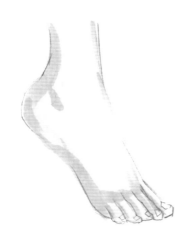 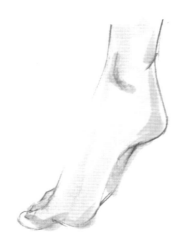 

2.3.8 足部的造型表现

◎ 正面女性足部造型

Step1 用辅助线确定脚的大体位置。

Step2 根据辅助线，绘制出脚踝的线条，并且确定脚趾的位置。

Step3 擦掉多余的辅助线，细化足部结构。

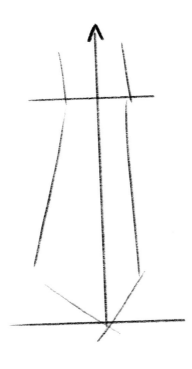 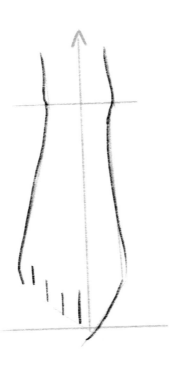 

◎ 正面男性足部造型

Step1 从正面观察脚部是无法看到足弓和脚跟的，可以将脚趾整体概况成小梯形。

Step2 勾勒出足部的外轮廓，然后绘制脚趾，明确结构关系。

Step3 细化足部，并擦掉多余的辅助线，完成绘制。

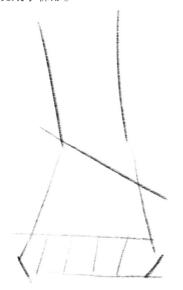

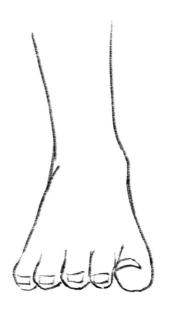

◎ 足部微微跷起的造型

Step1 用辅助线确定脚的大体位置。

Step2 根据足部的辅助线画出足部的轮廓。

Step3 细化脚趾和足部的线条，完成绘制。

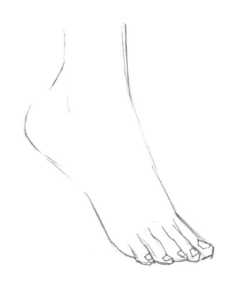

◎ 足部侧后视图

Step1 将整个足部的大体结构关系概括成一个三角形。

Step2 细化脚踝、脚跟和脚尖的线条，然后擦掉多余的线条，完成绘制。

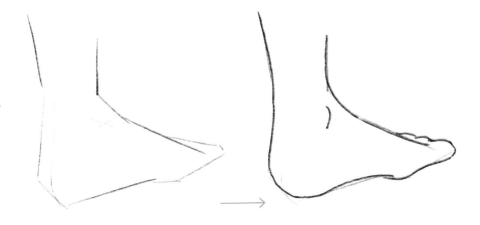

◎ 人物走动时的外侧足部造型

Step1 人物走动时能令人看到的脚面较多，注意脚面与腿部转折角度。

Step2 脚趾接触地面部分受力，要注意表现，然后完善其他部分的结构。

◎ 人物站立时的右脚造型

Step1 用辅助线确定脚的位置。

Step2 根据足部的辅助线绘制出脚踝和脚背的线条。

Step3 细化脚踝、脚跟和脚尖，并擦掉多余的辅助线，完成绘制。

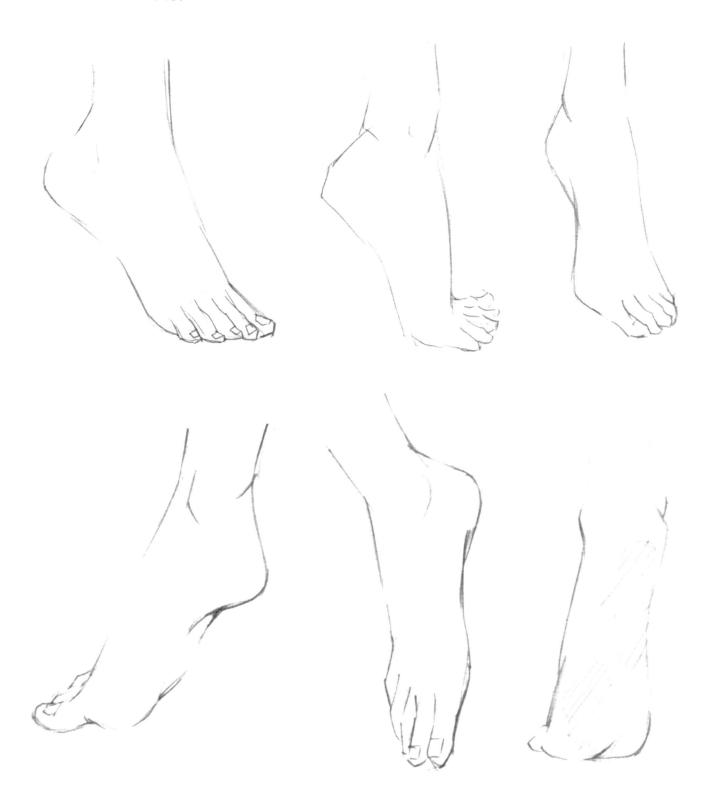

03

时装画

中的人体动态
与着装表现

3.1 影响人体动态的主要因素

3.1.1 重心线

　　重心线又称为垂直线或重心平衡线，即向下与地平线垂直的线条。重心线是从颈窝点往下做垂直线，一直到地平线，模特依这条线保持平稳站立。

　　重心线的起点正好位于颈部和胸骨的交点。这一点也是前中心线的起点，但前中心线并不等同于重心线。前中心线是一条从躯干上端到躯干底端的短线。重心线是一条穿过人体到达地面的垂线。

　　如果两只脚都在重心线的左边或右边，则人体不可能直立。

　　下图中的模特儿右肩下倾，右胯上提，人体重量落在右腿上，左腿稍稍上提呈放松状态，右腿即为承重腿。

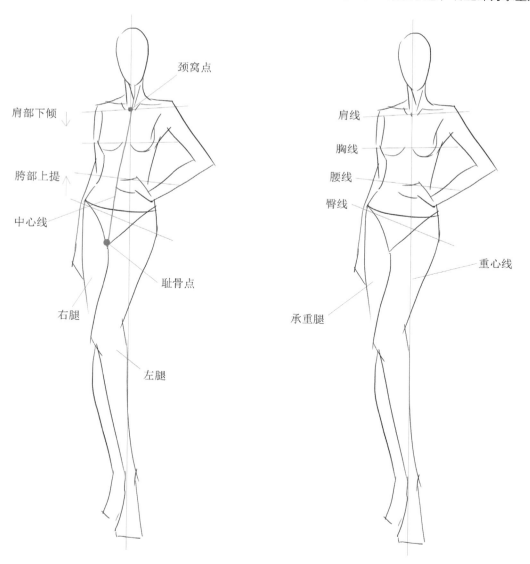

下图中的模特儿左胯上提，左肩下倾，人体重量落在左腿上，右腿稍稍上提呈放松状态，左腿即为承重腿。

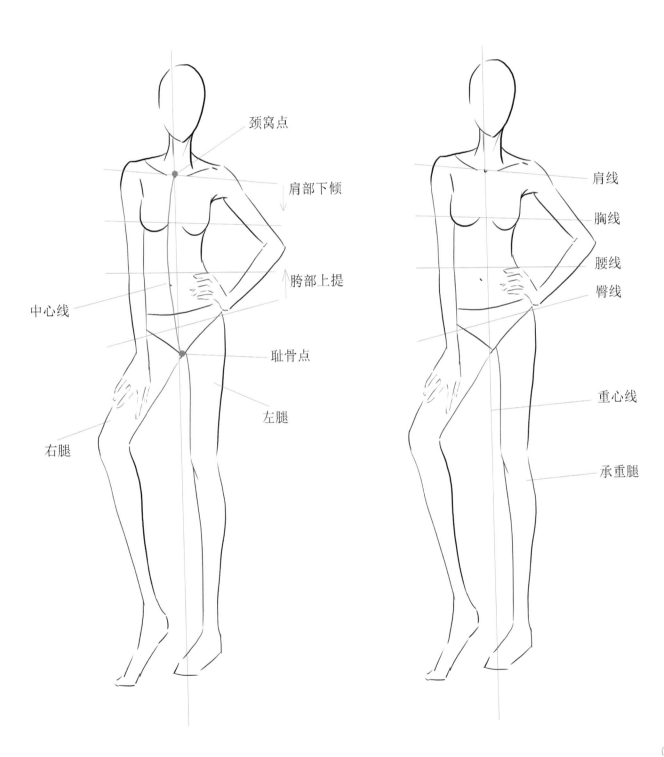

颈窝点

肩部下倾

胯部上提

中心线

耻骨点

左腿

右腿

肩线

胸线

腰线

臀线

重心线

承重腿

3.1.2 中心线

从颈窝点过肚脐至两腿中间的耻骨点，即为中心线。可以将中心线理解为人体的动态线。在塑造人体造型时，首先找出人体的中心线，对整体造型和动态把握会更加准确。

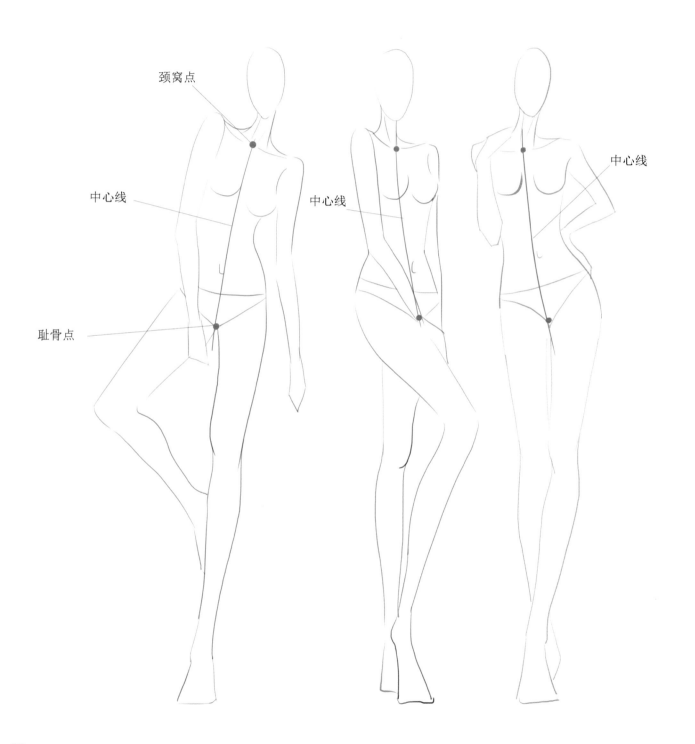

颈窝点

中心线

耻骨点

中心线

中心线

3.1.3 躯干的运动规律

　　这里所说的躯干主要是指胸腔、腹腔和盆腔这三大块。胸腔、盆腔这些体块本身是不会产生变化的，由于脊柱的扭转使它们互相之间产生了透视变化，而腹腔的外形就会随着胸腔和盆腔的扭转而产生很大的变形。要注意运动变化是有一定的规律的，一般人体的运动和随之而产生的形体变化都基于动力学意义上的重心平衡规律。绘制人体姿态时要注意，人体肩线与臀线一定不能是平行的。下面几幅图是一些常见人体躯干姿态分析。

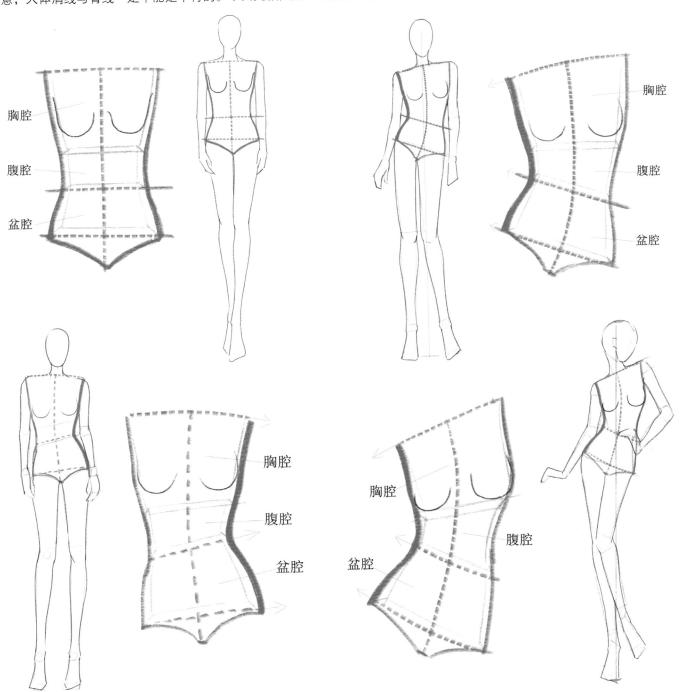

3.1.4 四肢的运动规律

人体各部分的运动规律都遵循弧线轨迹，都以关节为轴点进行弧线轨迹运行。然而人体各部位的运动范围也是有限的。

◎ 上肢的运用规律

手臂前伸比后摆的弧度大，以肩关节作为轴点，手臂前伸运动角度可以达到180°，后摆接近60°。

肩关节为人体全身最灵活的球窝关节，能进行前屈后伸（手臂前后摆动），内外扭转（手臂向内外摆动），回旋（手臂内外旋转）运动。人体肩关节运动规律如下面几幅图所示。

前屈后伸（手臂前后摆动）

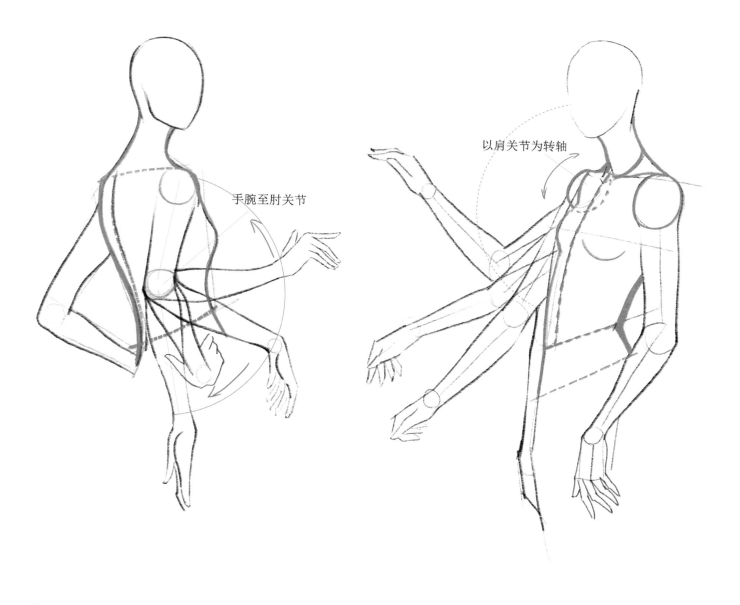

手腕至肘关节

以肩关节为转轴

内外扭转（手臂向内外摆动）

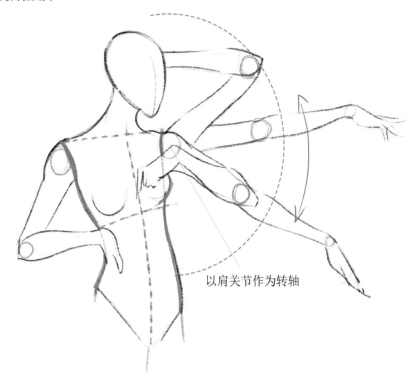

以肩关节作为转轴

回旋（手臂内外旋转）

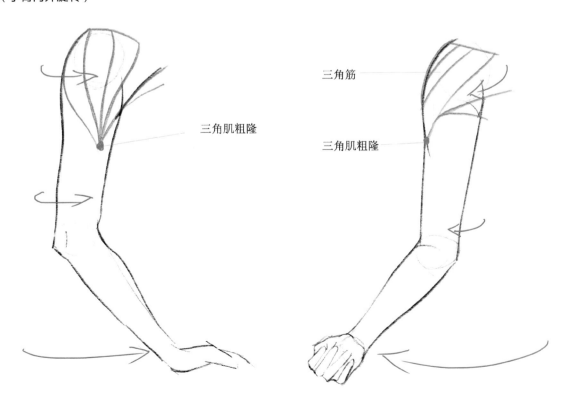

三角肌粗隆

三角筋

三角肌粗隆

男性人体手臂动态

手腕至肘关节

◎ 下肢的运动规律

腿向外侧踢的弧度比向内侧踢的弧度大，以髋骨大转子为轴心，腿向身体外侧踢能达到60°，向内侧踢接近20°。

女性人体腿部动态　　　　　　　　　　　　　　男性人体腿部动态

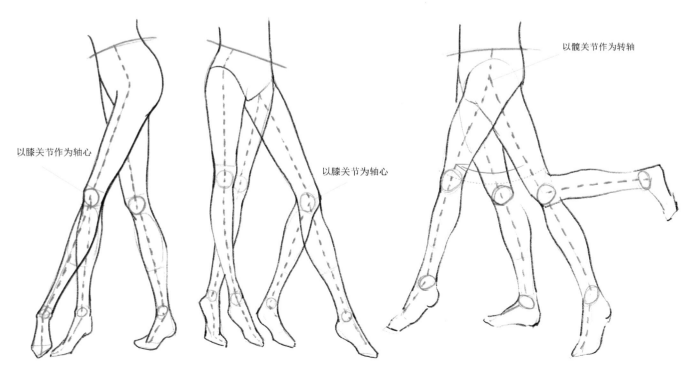

以膝关节作为轴心

以膝关节为轴心

以髋关节作为转轴

3.2 人体动态造型

在绘制时装画的时候，其实只需要掌握一些比较常用的动态造型就可以了。下面的内容中主要将人体动态分为两大类：站姿人体动态和坐姿人体动态。

3.2.1 站姿人体动态造型

站姿人体是时装画中最常用的模特姿势，这类姿势可以很好地展示服装，在绘制的时候要很好地把握人体的重心和各个部位之间的关系。

◎ 绘制正面站姿人体动态示范

Step1 绘制出重心辅助线，然后根据人体比例关系，确定肩线、腰线和臀线的位置。

Step2 根据辅助线，确定头部的位置，然后确定肩关节、肘关节、腕关节、膝关节和踝关节的位置，绘制出人体的基本结构。

Step3 根据确定出的关节位置和结构，对各部位的结构进行细化。

Step4 确定头部五官的位置。

Step5 完善各个部位的结构，然后擦掉多余的辅助线，完成绘制。

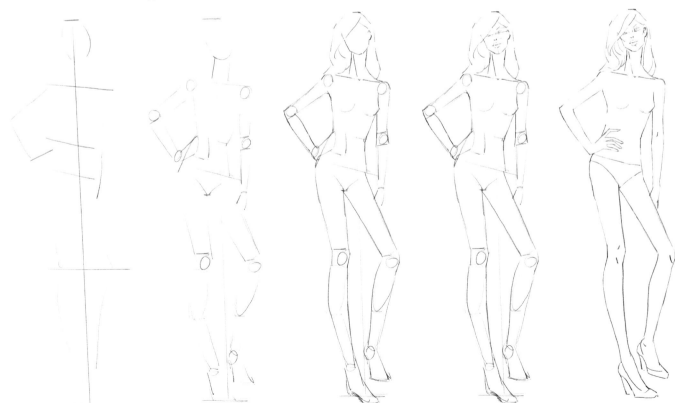

◎ 绘制背面站姿人体动态示范

Step1 画出重心辅助线，并确定人体的基本比例关系，注意肩线左高右低，臀线左低右高。

Step2 根据绘制的辅助线画出人体的基本轮廓，注意各个部位的结构关系及透视变化。

Step3 对人体各部分的线条进行细化，使结构关系更加明确，同时确定五官的位置。

Step4 继续完善各个部位的结构，注意线条的轻重和虚实变化，然后擦掉多余的辅助线，完成绘制。

◎ 常见站姿人体动态赏析

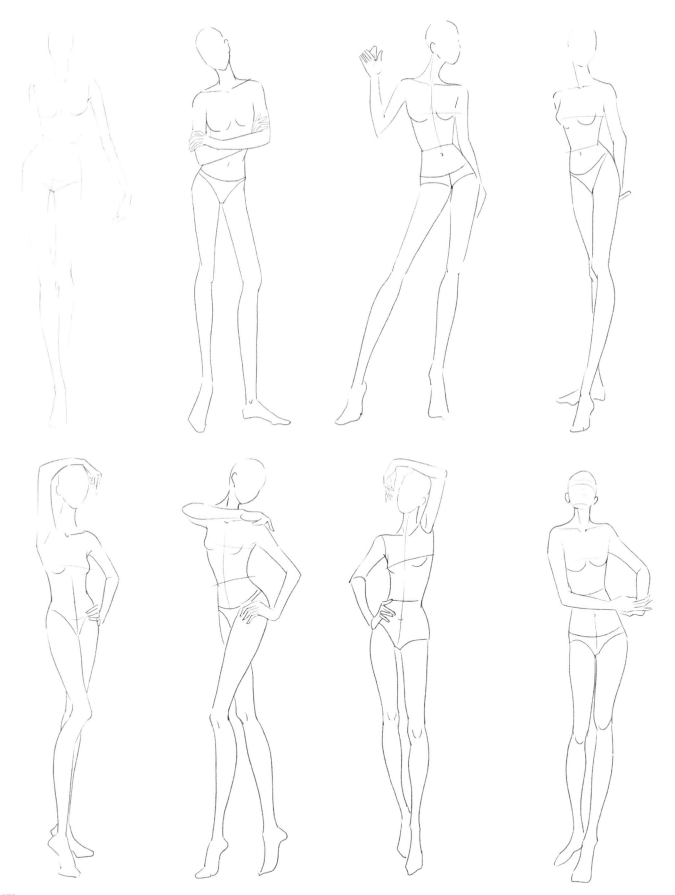

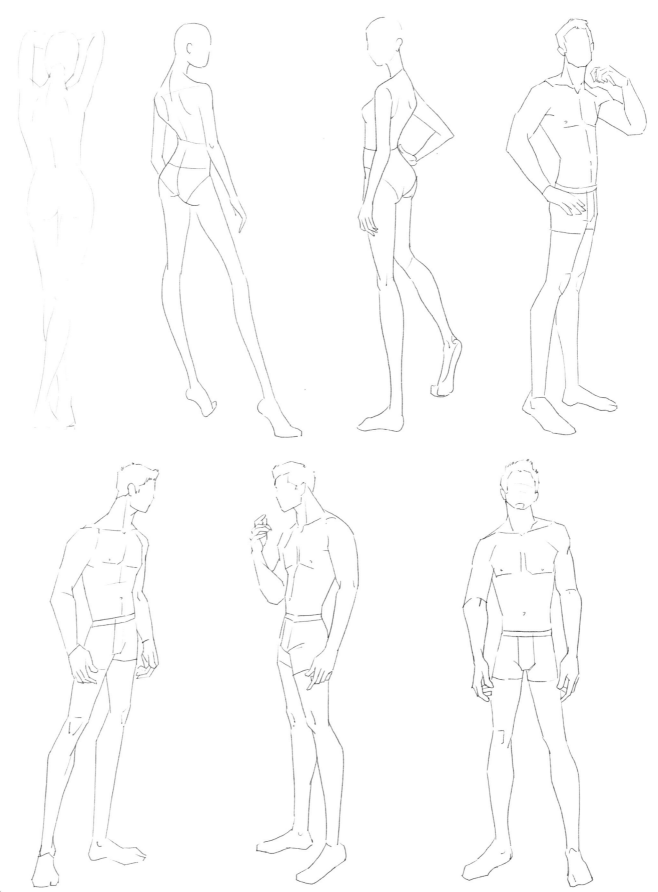

3.2.2 坐姿人体动态造型

在时装效果图中，一般坐姿人体使用得比较少，因为人物采取坐姿时服装被遮挡得较多，对服装的展示不够充分。但坐姿人体在时装插画中出现得比较多，可以很好地展示出人体的姿态美。坐姿人体透视会发生比较大的变化，这就需要平时对人体速写多练习。

◎ 绘制坐姿人体动态示范

Step1 通过绘制辅助线的方式确定出各个部位的结构，注意肩线和腰线是左高右低，并注意腿部摆动的方向。

Step2 连接肩线、腰线、臀线，完成人体坐姿的上半身"箱型结构"的绘制，然后勾画出腿部及手臂的动态辅助线。

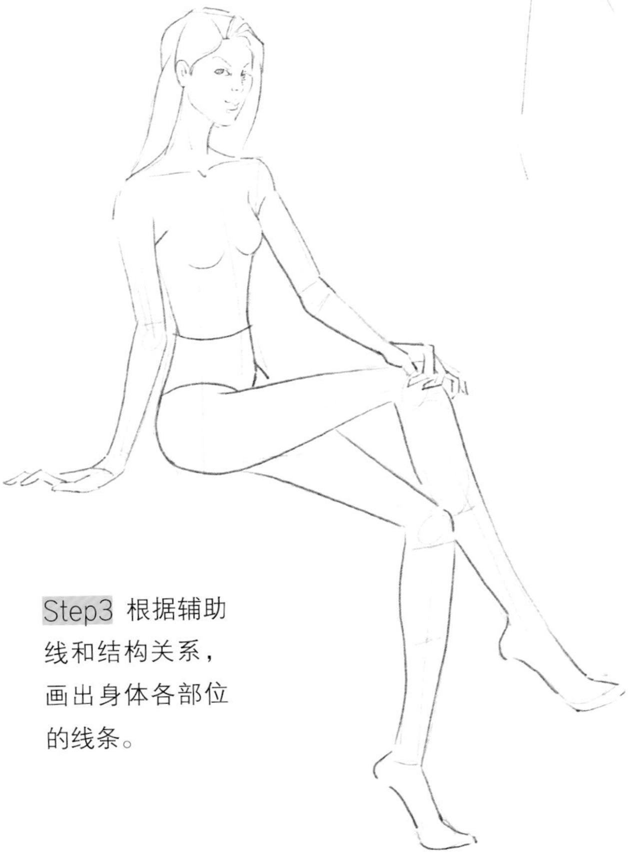

Step3 根据辅助线和结构关系，画出身体各部位的线条。

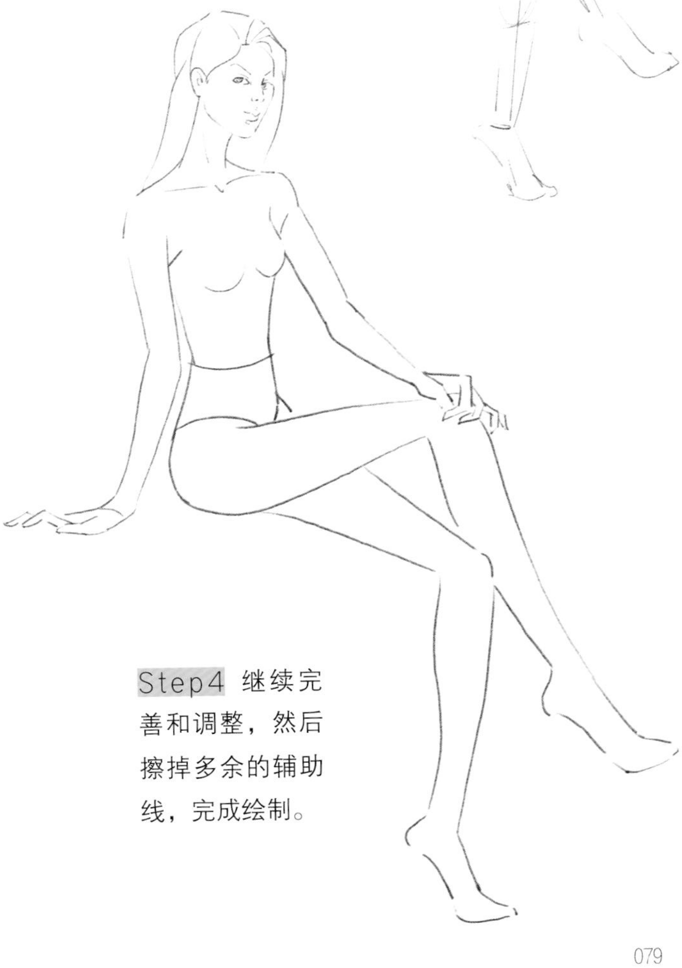

Step4 继续完善和调整，然后擦掉多余的辅助线，完成绘制。

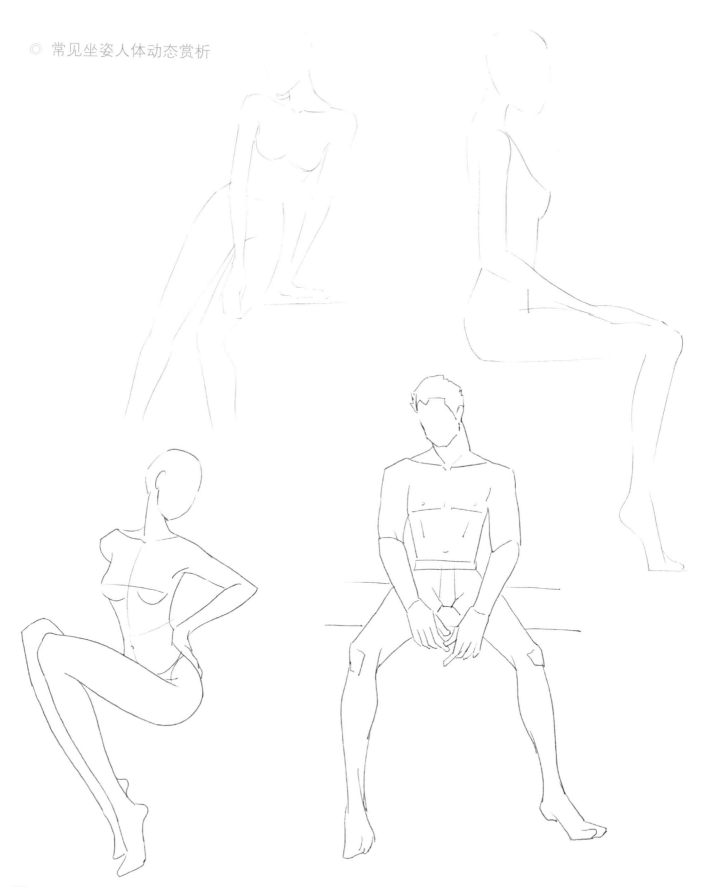

3.3 人体动态与服装的关系

3.3.1 人体与服装的关系

　　服装以人体作为支撑，并包裹着人体，有良好设计的服装可以令人自由活动身体。这里所讲的上半身与服装的关系，主要是指长、宽（肩宽和身长）与服装面料面积上的关系。单层着装的服装比例关系主要靠腰线的高低来决定，而多层着装就要考虑到服装的层次感和体积感。服装与人体的关系能够对服装的外部造型产生直接影响。服装与人体之间的空隙越大，服装形成的外部造型就越具有膨胀感，人体活动就越自由。相反，如果服装相对贴身，那么就给人体活动带来了限制。

人体下半身主要由腹部、臀部、腿和脚组成。女性的裤装由男装演变而来，而裙装传统一直是女性的服装。绘制时要注意腿部动态对下装的影响，不同的动态对下装的动势都有很大的影响。与裤子相比，裙子与人体之间的空隙较大，因而腿部的活动相对自由。

3.3.2 人体与服装褶皱的关系

服装褶皱有以下几个基本规律。

① 衣褶的走向不可能违背其所覆盖的人体线条。人体动态决定了衣褶的走向和形态。

② 通过衣褶，我们应该能够感知面料所覆盖人体肌肉的大致走向。

③ 应避免重复出现对称的衣褶。在关键点适当使布料下的人体显露出来，这样可增加画面的立体感，并使衣褶的排列更有节奏感。

④ 衣褶的所有主要线条以支点为中心散开，衣褶是以这些线条为中心而形成的。

⑤ 除了面料的厚度等静态特征，还要全面了解剪裁等其他的特征，如缝纫方式、腰带和扣子的位置等。所有这些因素都有可能影响面料的动态效果，从而使某些部位（袖口、裤腿等）的衣褶产生不同于常规的变化。

⑥ 衣褶没有固定的排列规律，有时候衣褶的形态无法预测，完全取决于面料的厚度、重力、面料所覆盖的人体部位或风向。

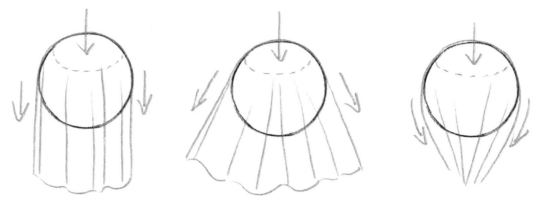

如上图所示，从一个球面悬挂下来的面料，可以形成垂直（且平行）的褶皱，或者是以悬挂面为中心向四周发散的褶皱（如果面料尾端有向外的力量拉扯），又或者是向某一束点（由于被束带、扣环捆绑而产生的束缚点）聚拢的褶皱。

因为服装包裹着人体，所以一些衣褶的纹路间接地展现了人体的姿态和动作。同时面料的材质决定了衣褶的宽度、形状和数量。

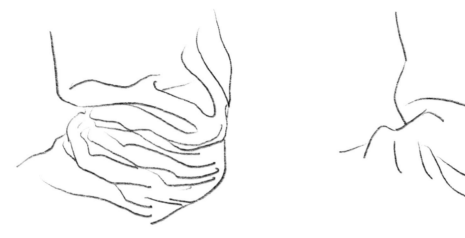

产生衣褶上扬的因素是运动和重力，这两种因素都是由于拉力和挤压力综合导致的。

因素1：运动

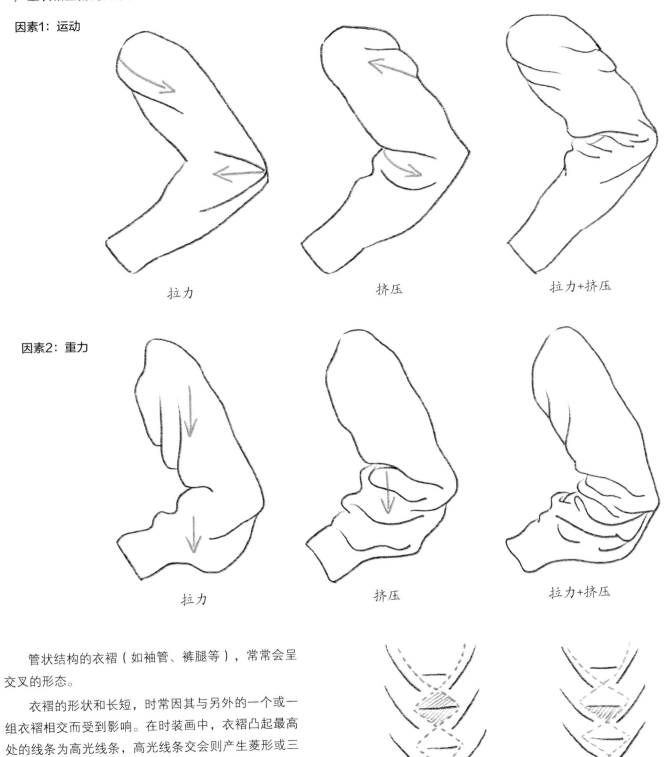

拉力　　　　　　　　　挤压　　　　　　　　　拉力+挤压

因素2：重力

拉力　　　　　　　　　挤压　　　　　　　　　拉力+挤压

　　管状结构的衣褶（如袖管、裤腿等），常常会呈交叉的形态。

　　衣褶的形状和长短，时常因其与另外的一个或一组衣褶相交而受到影响。在时装画中，衣褶凸起最高处的线条为高光线条，高光线条交会则产生菱形或三角形的阴影。

3.3.3 人体动态与服装的搭配关系

◎ 夸张的人体动态与服装的关系

在绘制该动态时要注意肩部和臀部的动态线，两者倾斜的方向相反。人体的右臂和右手完整呈现，而左臂和左手因透视而短一些。

根据动态造型绘制出服装，注意结合前面所学的知识表现出服装和人体的关系。夸张的动作配合硬朗造型的外套，能够凸显外套的结构感。

◎ 向左扭转的人体动态与服装的关系

在绘制该动态时肩部和臀部平行，左膝盖低于右膝盖，显得离观者更近，摆出姿势的腿的膝盖弯曲，稍微虚化左腿小腿的线条。

该人体动态双手叉腰，很好地展现了此款蝴蝶袖的造型感，同时将面料柔软的质地完美地呈现出来。

◎ 人体背面动态与服装的关系

在绘制该动态时臀和肩的倾斜方向相反。右腿为承重腿，承受了大部分的身体重量。后中线随脊柱的扭动弯曲。在画脚跟时，总能看见脚尖。这一姿势非常适合展示背部有设计的系列服装。

此背面动态造型非常适合展示露背晚礼服或背部有特别设计的服装，可以很好地展示服装的美感和优雅。

◎ 身体前倾动态与服装的关系

左图中的人体有前倾的动作。人体的左臂搭在支撑上半身的那条腿上，右臂因透视而较短。

该动态适合搭配运动系列的服装，能很好地展示运动装的活动性和实用性。人体运动时动态丰富，肢体舒展，能很好地展示该类服装的运动效果。

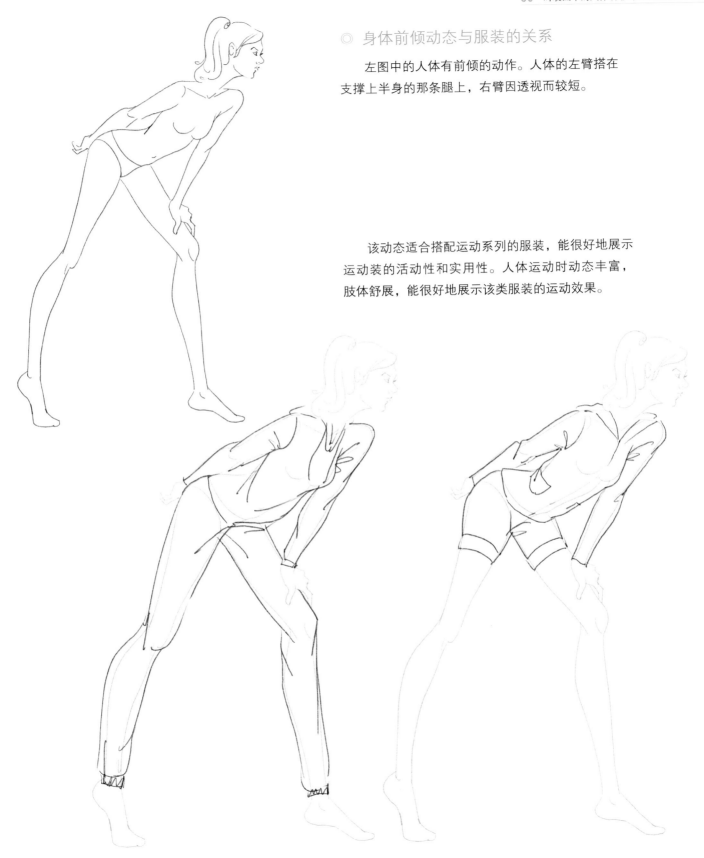

◎ 人体正面直立动态与服装的关系　　　　　　◎ 人体3/4侧面动态与服装的关系

　　此造型为男性人体，线条要有力，赋予男性人体一种阳刚之气。肩部动态与略微倾斜的臀部方向相反。人体摆出姿势的腿往前伸，离观者更近。锁骨、肩及肘部的叠线也加强了人体动态的效果。

　　人体的双腿共同承受身体的重量。硬朗的线条和夸张的大手增强了人体的刚毅之感。

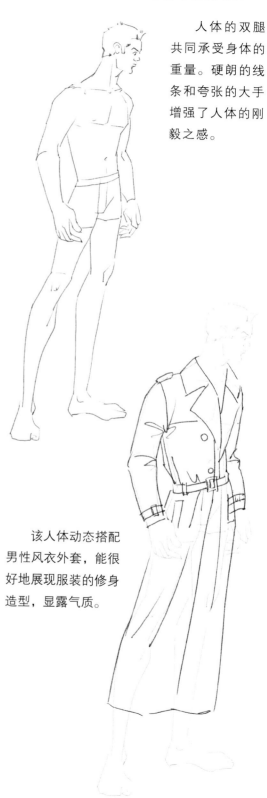

　　该人体动态能够很好地展示男士休闲服装，同时表现男士的自信感。

　　该人体动态搭配男性风衣外套，能很好地展现服装的修身造型，显露气质。

04

时装画

中的服装款式
与细节表现

4.1 时装局部的结构分析与绘画表现

4.1.1 领口

◎ 领口绘制解析

脖子的位置是从下颌轮廓往下，一直到圆形基线。基线的中点是颈窝，同时颈窝点是肩线和人体前中线的垂直交点。脖颈的斜线位于从基线往下到肩线的地方。

如下图所示，领子位于领围线上面，并且围绕着脖子。

画领子细节时，要注意观察前中线，先在人体上画一个V形，再画出领子的形状。注意脖颈后面领座的位置要高于脖颈斜线。

西装的领型较多，可以根据结构线，将它分成几个部分来画。注意双排扣驳领在前中线处形成一个V形。

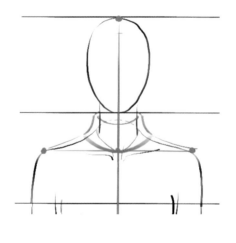
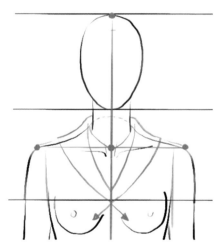
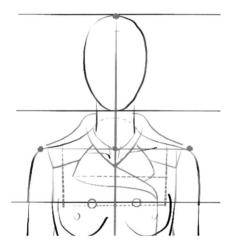

不管画哪种类型的领型，始终要根据肩部倾斜角度来画。从领子画起，将服装部件与人体动态结合起来。右图中的箭头表示肩部倾斜的走向。

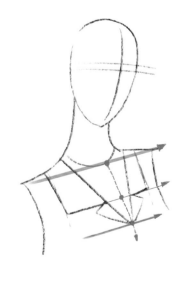
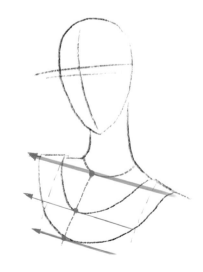

◎ 常见领口赏析

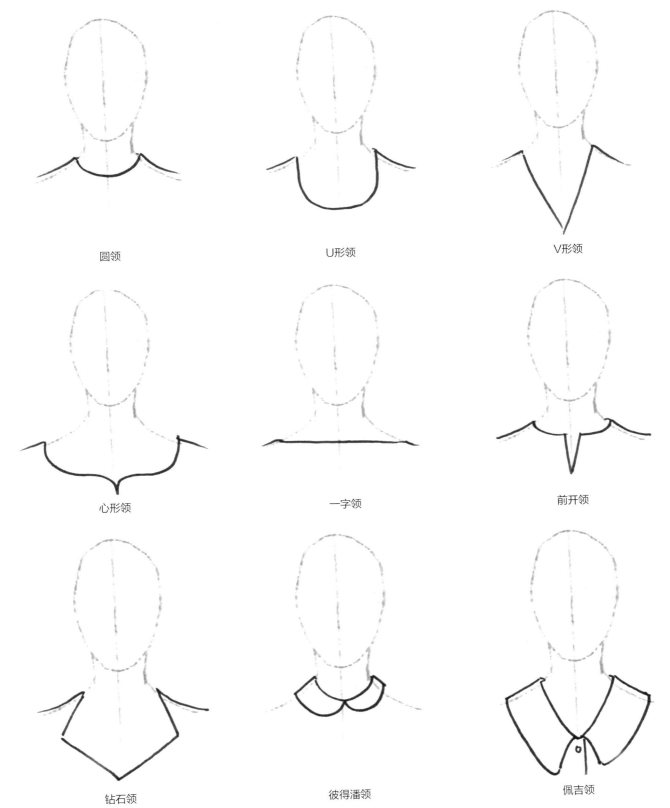

圆领

U形领

V形领

心形领

一字领

前开领

钻石领

彼得潘领

佩吉领

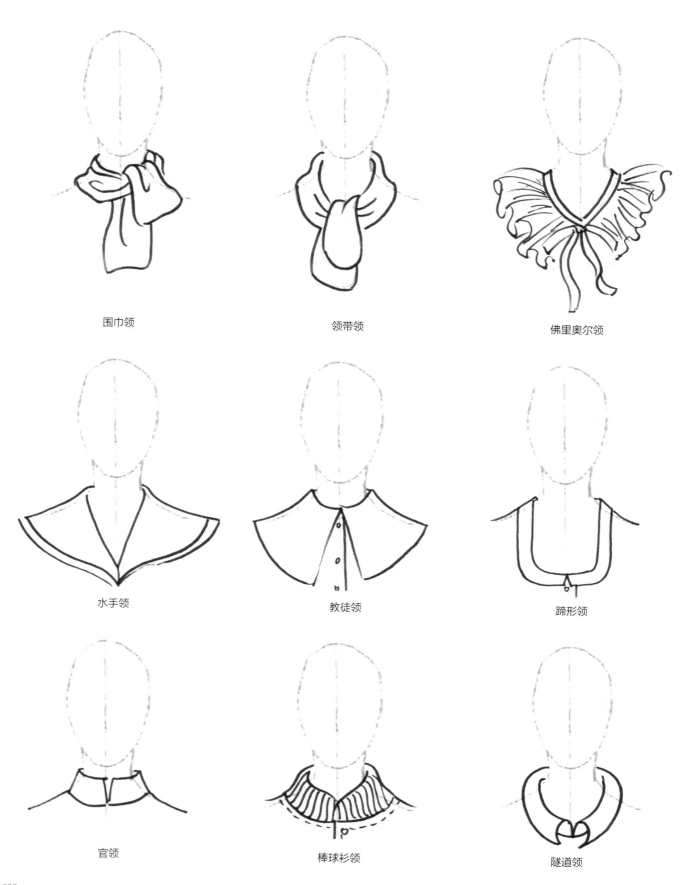

围巾领

领带领

佛里奥尔领

水手领

教徒领

蹄形领

官领

棒球衫领

隧道领

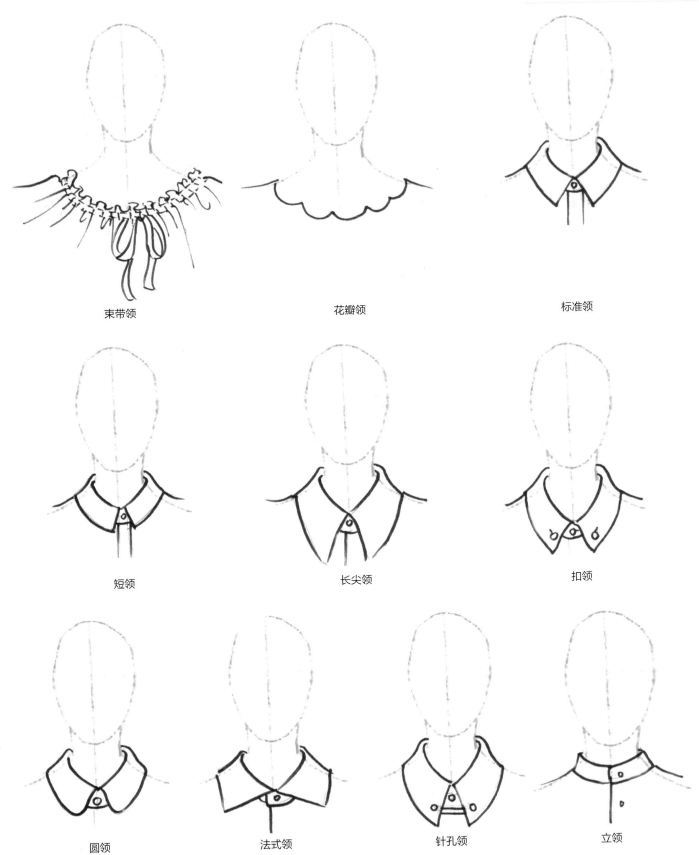

束带领

花瓣领

标准领

短领

长尖领

扣领

圆领

法式领

针孔领

立领

4.1.2 袖口

◎ 袖口绘制解析

　　画袖子时，袖窿线与人体前中心曲线之间的平行变化关系是非常重要的。从肩点经腋下点回到肩点形成袖窿线，该线的弯曲度和位置是绘制的关键所在。手臂是一个圆柱体，可以根据与衣服双臂位置的袖窿相接的袖山，以及位于手臂或手腕上的袖口、袖卡夫来画袖子。

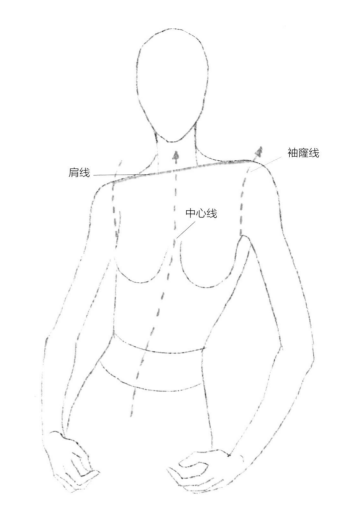

肩线

袖窿线

中心线

◎ 常见袖口赏析

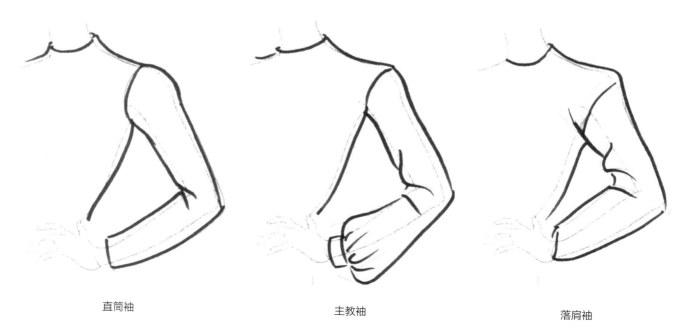

直筒袖　　　　　　　主教袖　　　　　　　落肩袖

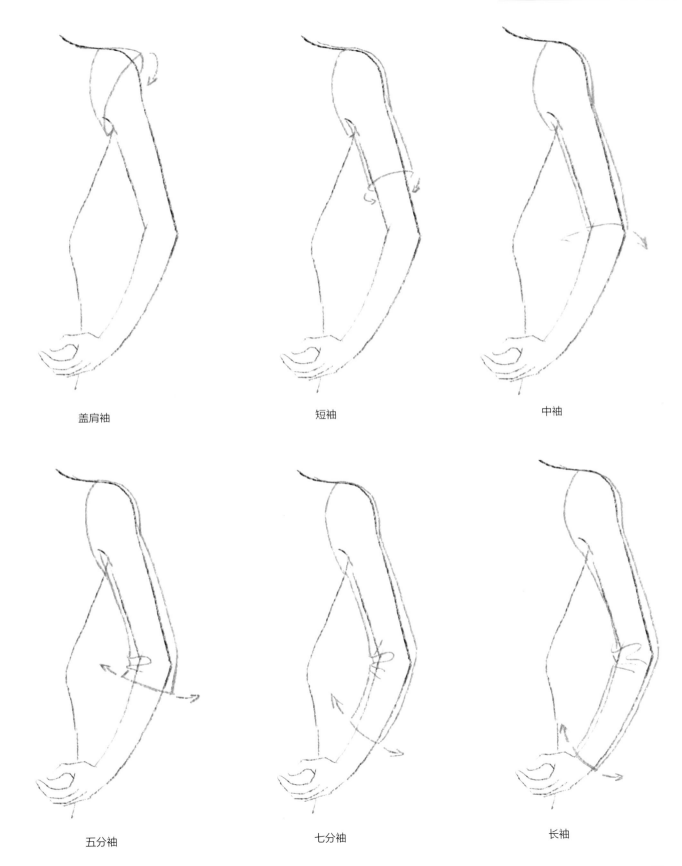

盖肩袖

短袖

中袖

五分袖

七分袖

长袖

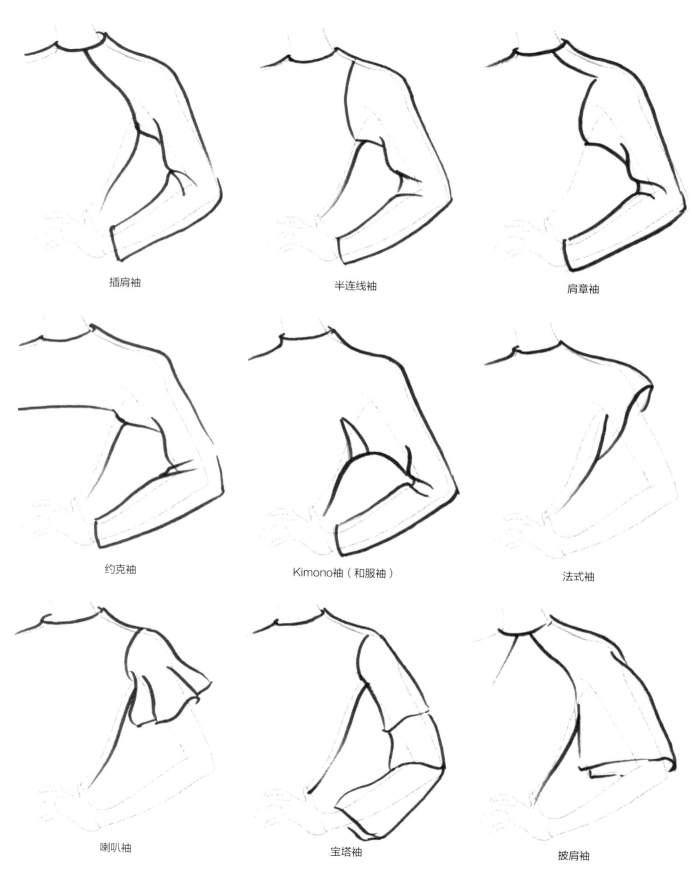

插肩袖

半连线袖

肩章袖

约克袖

Kimono袖（和服袖）

法式袖

喇叭袖

宝塔袖

披肩袖

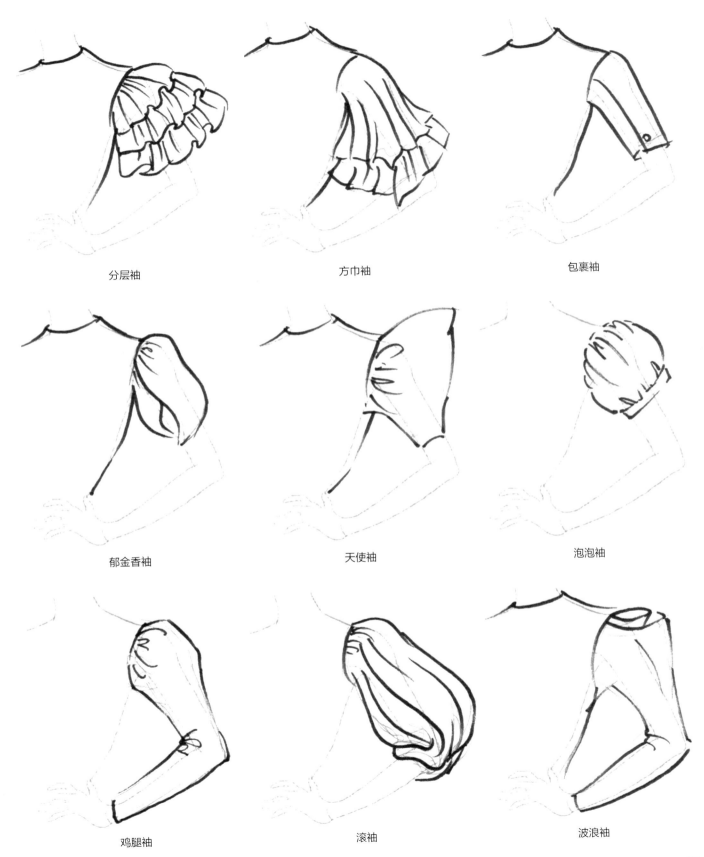

分层袖

方巾袖

包裹袖

郁金香袖

天使袖

泡泡袖

鸡腿袖

滚袖

波浪袖

4.2 时装款式的绘画技法

4.2.1 正装系列

正装一般是出席一些商务、正式、严谨的场合时穿着的服装，因此正装大多比较合体，用于表现出端庄的姿态。正装一般以西装套装、中性西装套装、衬衫套装等为主。套装可以展现出自信、理性、大方等特点。

西装：为了体现合体性，首先需要选择一个合适的人体姿态来表现。在时装画中，要利用人体的动态来安排服装上的设计细节。还要根据面料的厚薄或人体造型来确定西装的合体程度及外形轮廓。另外还应该注意西装的各种着装状态会受到前中线变化的影响。

衬衫：先从围绕着脖颈的领子开始画，画出前中线上打开的衬衫领口和上半部分的门襟，然后画出衬衫的肩线以确定衬衫衣身上半部分的左右位置（从任何一侧开始画都可以）。在绘画的时候，应该先将同一侧的各个细节画完，再画另一侧。画衬衫时要特别注意人体的胸部形态。

裤子：在人体上画裤子，包括设计和式样两部分。设计包括裤子的形状，而式样是表现裤子穿在人体上的合体度，绘画时要将两者结合起来。注意，如果画过多的褶皱会使裤子看上去又旧又皱。

4.2.2 休闲装系列

休闲装的种类和款式比正装更多、更丰富。在不同的着装场合中，服装的风格会有很大的差异。休闲装整体给人轻松、随意的感觉。

裙子： 裙子的缝线、褶皱或其他一些款式的细节都是随着人体前中线的变化而变化，注意用重心线保持人体的重心稳定，姿势的不同影响着裙子的形状和走势。

罩衫： 不必像衬衫一样遵循特定的结构形式（不论裁剪和面料），罩衫和上衣可以设计更多独特的细节。

4.2.3 运动装系列

　　运动装系列的服装，主要用于活动或有大幅度动作的运动时穿着。考虑到要方便肢体摆动，所以服装一般多以宽松、舒适为主。

4.2.4 服装款式图的不同角度

◎ 直筒牛仔裤

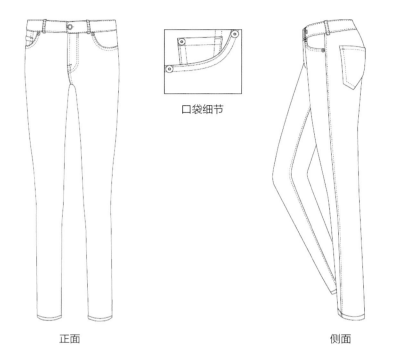

口袋细节

正面

侧面

背面

◎ 修身牛仔裤

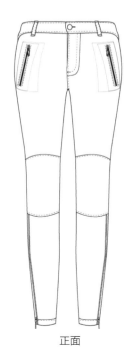

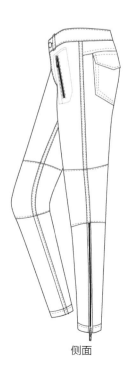

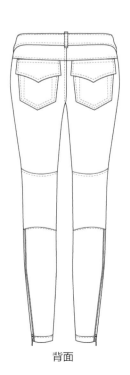

正面

侧面

背面

◎ 休闲裤

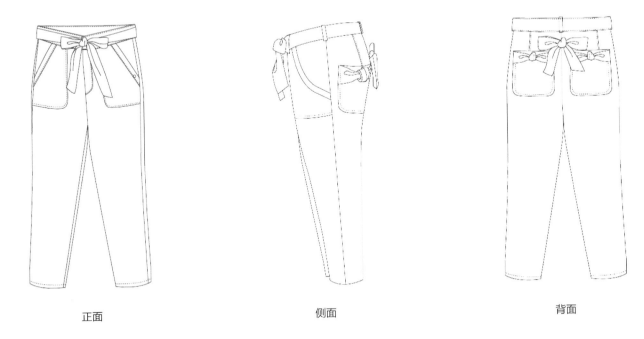

正面   侧面   背面

◎ 长款羊毛衫

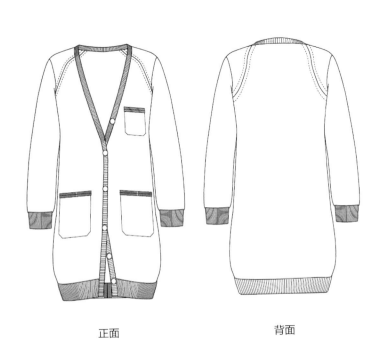

◎ 无袖连衣裙

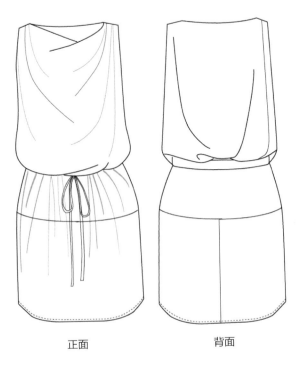

正面   背面   正面   背面

◎ 单扣西服

◎ 休闲小外套

正面　　　　　　　　　　背面

正面

◎ 短款毛衣开衫

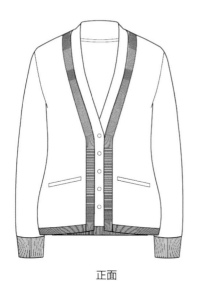 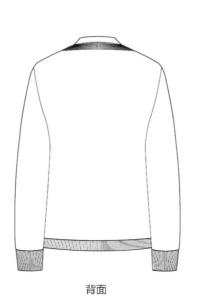

正面　　　　　　　　　　背面

背面

◎ 休闲短裤

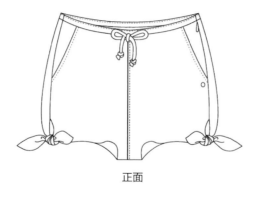 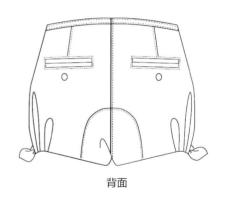

正面　　　　　　　　　　背面

◎ 连衣裤

◎ 休闲连衣裙

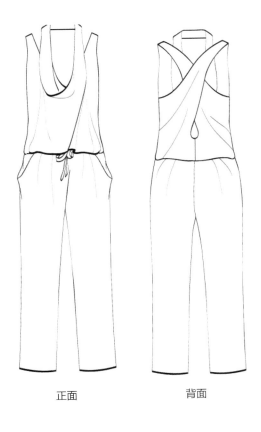

正面　　　　　　　　背面　　　　　　　　正面　　　　　　　　背面

4.2.5 服装款式图赏析

◎ 上衣款式赏析

◎ 裤子款式赏析

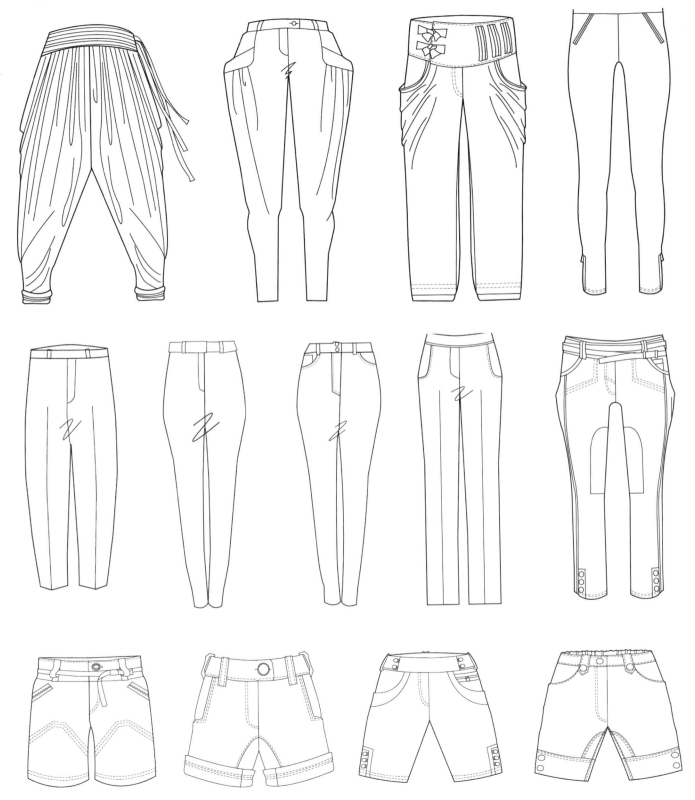

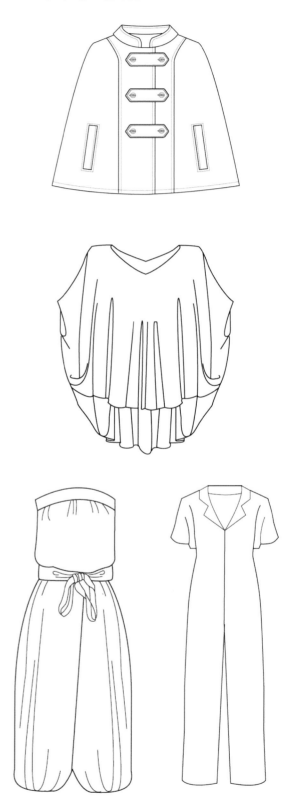

4.3 面料和图案绘画技法

4.3.1 条纹

◎ 海军蓝条纹

Step1 采用平涂的方式绘制整个面料的底色。

Step2 绘制面料上的蓝色宽条纹，注意间距及条纹的宽度。

Step3 绘制面料上的细条纹。

◎ 混色波纹

Step1 先平涂面料的底色。

Step2 绘制深蓝色弯曲条纹，注意条纹的弧度和流畅度。

Step3 在条纹之间绘制玫红色细条纹。

4.3.2 格纹

◎ 苏格兰细格纹

Step1 采用平涂的方法绘制出面料的底色。

Step2 绘制纵向的深红色条纹。

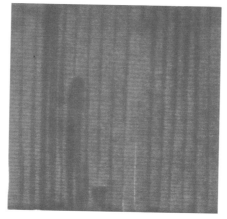

Step3 先绘制横向的深蓝色宽条纹，然后再绘制纵向的深蓝色细条纹。

Step4 用丙烯颜料绘制白色的格纹。

◎ 土耳其格纹

Step1 采用平涂的方法绘制出面料底色，注意笔触的衔接。

Step2 用直尺确定面料上的格纹位置，然后用纤维笔以斜线的方式对格纹进行绘制。

Step3 用深绿色绘制出面料上的绿色格纹。

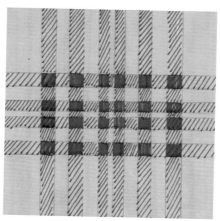

◎ 乌克兰格纹

Step1 采用平涂的方式绘制出面料的底色。

Step2 用直尺绘制出格纹。

Step3 用墨绿色对前面确定的位置进行格纹绘制。

Step4 用黑色加深面料上的黑色格纹。

4.3.3 动物皮纹

◎ 虎纹

Step1 用土黄色以平涂的方式绘制面料底色。

Step2 用铅笔确定虎纹图案的位置，然后用黑色对该位置进行绘制。

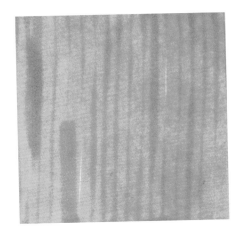 

◎ 豹纹

Step1 用土黄色以平涂的方式绘制出面料底色。

Step2 用浅咖啡色绘制出豹纹图案的第1层图案，注意大小要不一样，排列不要太有规律。

Step3 用深咖啡色绘制出豹纹图案的第2层图案，注意层次和疏密关系。

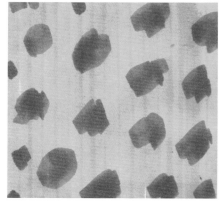

◎ 蛇皮纹

Step1 绘制出蛇皮纹面料的底色。

Step2 用铅笔勾勒蛇皮纹图案的底纹，然后用墨绿色对底纹进行绘制。

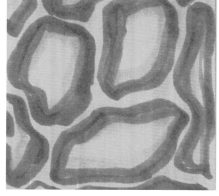

Step3 用黑色彩铅绘制出格子状的底纹，不要太有规律，格子不要太大。然后用黑色彩铅对底纹的边缘进行加深。

Step4 继续用黑色彩铅对底纹的边缘进行加深绘制，并慢慢开始往底纹的中部进行渐变过渡绘制，塑造出立体感。

Step5 用白色高光对底纹上的格子进行高光提亮，不要太有规律，塑造出蛇皮纹图案的光泽感。

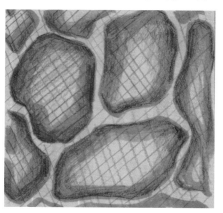

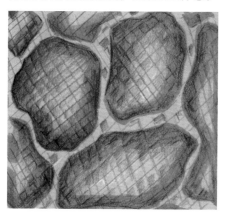

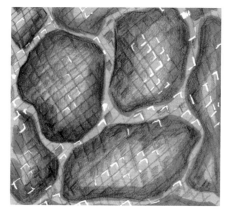

4.3.4 印花

◎ 扎染印花

Step1 以平涂的方式绘制出印花面料的底色。

Step2 用直尺确定印花的位置，然后用铅笔刻画出印花图案。由于花纹是有规律的，绘画的同时注意尽量保持花纹的大小、样式的一致。

Step3 对绘制的花纹进行平涂上色。

Step4 用黑色对印花进行勾边。

◎ 刺绣印花

Step1 用铅笔绘制出花朵的样式，确定花朵的位置。

Step2 留出花纹样式，对面料底色进行平涂绘制。

Step3 用黑色勾画出花纹的样式。

Step1 对面料的底色进行平涂绘制。

Step2 用铅笔勾勒花朵和叶子，仔细绘制出花朵的样式。

Step3 对面料上的花朵和叶子进行平涂上色。然后加深花朵的花心、花瓣前端及叶子茎部。

Step4 用玫红色和深蓝色对花心和花瓣的前端进行加深绘制，然后用黑色加深花心和叶子茎部，塑造立体感。

05

时装画

中的马克笔与
水彩的综合表现

5.1 马克笔手绘时装画整体表现

使用马克笔绘制时装画所用到的工具如下。

1. 温莎牛顿白色调和笔
2. Copic 0.03黑色针管笔
3. Copic 0.03棕褐色针管笔
4. 吴竹极细小楷勾线笔
5. 樱花白色高光提亮笔
6. Pentel 0.3自动铅笔
7. "Mono蜻蜓"角型工程绘图橡皮
8. HB 0.3自动铅笔笔芯
9. 可塑橡皮
10. 慕娜美24色纤维笔
11. 辉柏嘉油性48色彩铅
12. Canson马克笔专用纸
13. Copic马克笔

5.1.1 纱质的表达方式

　　在表现纱质面料的时候，要根据纱质的特性进行绘制。通常纱质面料质地轻薄、飘逸，如乔其纱、双绉等，所以绘制纱质面料时要表现出透明感和半透明感。在使用马克笔绘制纱质时，运笔要轻松、随意。在绘制纱质面料前要先绘制人体的肤色。纱质面料易产生自然的褶皱，在处理时可以采用反复叠加的绘画方式来丰富面料的层次感，而对于飘动起来的纱，可以略微淡化。

◎ 使用颜色

| E00 | E01 | E02 | B00 | B21 | B24 | B18 | BV01 | B02 | B04 |

◎ 绘制解析

① 绘制纱质面料的线稿。
② 用吴竹小楷勾线笔对线稿进行勾线，注意走线要有轻重变化。
③ 用Copic B32号马克笔绘制面料底色，注意要根据面料的走向运笔。
④ 用Copic BV31号马克笔绘制一些紫色的纱质走线。
⑤ 用Copic V12、Copic B21和Copic B16对纱质面料的暗部进行加深，塑造出面料的立体感。
⑥ 用高光提亮笔对纱质面料进行提亮。

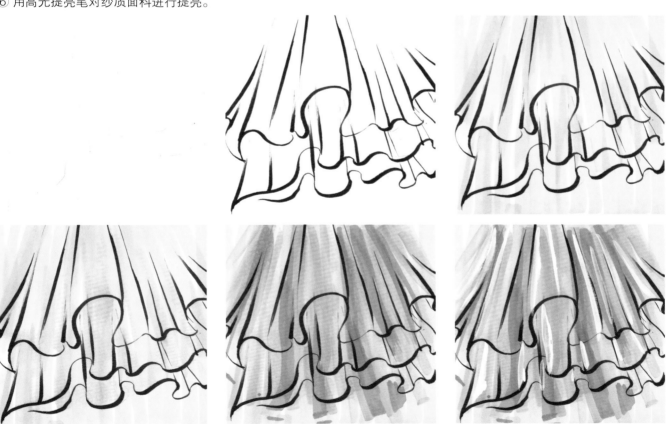

Step1 用铅笔绘制动态造型，轻轻地绘制出人体结构与服装的大致外形结构。

纱质褶皱暗部的位置排线密一些，亮部的位置排线疏一些。

腿部关节的走线要重一些，表现出腿部的立体感。

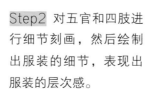

Step2 对五官和四肢进行细节刻画，然后绘制出服装的细节，表现出服装的层次感。

Step3 用马克笔勾勒出五官和四肢的线条，然后用小楷勾线笔勾勒出服装的线条，注意线条的轻重、虚实和疏密变化。

Step4 用Copic浅肤色的软头马克笔平涂五官和四肢，然后用深一号的肤色加深眼部、颧骨、颌唇沟、手部内侧和膝盖关节处，塑造立体效果。

Step5 用红棕色彩铅#392加深眼窝和眉毛，然后用肉色彩铅加深鼻侧影、鼻底、颧骨和颌唇沟，使五官更加立体，接着用较浅的蓝色按照面料的走向运笔上色，注意要有留白。

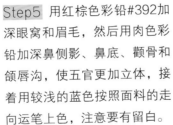

Step6 用更深一号的蓝色加深裙子的暗部，注意运笔要轻松、流畅。

Step7 在纱质暗部用浅紫色马克笔快速进行加深，反衬出模特表演场地的场景色。

对褶皱的高光处进行提亮，可以更好地塑造出立体感。

在纱质的边缘画一些比较自由的线条，表现出纱质的飘逸感。

Step8 用比前面都深的蓝色加深裙子的暗部，上色时要根据纱质面料的走向进行运笔，然后用随意的线条表现出面料的柔软质感。

Step9 用高光提亮笔对眼部、嘴唇、鼻子和裙子进行提亮。

5.1.2 丝绸的表达方式

丝绸面料可以体现女性的曼妙身姿，凸显女性的优雅和高贵的气质。丝绸外观平滑光亮，触感柔软丝滑，在绘制时可以通过丝绸的光亮和褶皱来体现柔软的质感。表现此类面料时，用线要轻快、自然、流畅。绘制丝绸的光泽时要分清面料上的光泽来源，并对面料上的亮部进行选择和概括绘制。过多的光亮或褶皱会使整个丝绸面料显得混乱，缺少面料的质感。

◎ 使用颜色

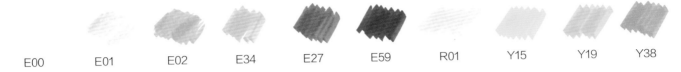

E00　　E01　　E02　　E34　　E27　　E59　　R01　　Y15　　Y19　　Y38

◎ 绘制解析

① 绘制丝绸面料的线稿。

② 用小楷勾线笔进行勾线，注意线条的轻重变化。

③ 用Copic Y11号马克笔以平涂的方式绘制丝绸面料的底色，运笔要果断。

④ 用Copic Y15号马克笔对面料的暗部进行第1层绘制。

⑤ 用Copic Y19和Copic YR16号马克笔对丝绸的暗部再次进行绘制，然后提亮面料的高光处。

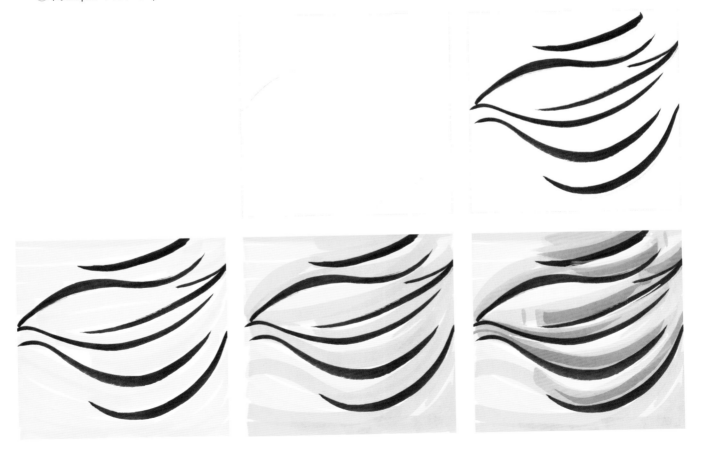

◎ 实例运用

Step1 用铅笔轻轻勾勒出人体
的结构和服装的外形。

Step2 绘制五官细节和服装细
节，清晰地塑造出模特的造型。

Step3 用Copic浅棕褐
色马克笔勾勒出五官
和四肢的细节，然后
用小楷勾线笔勾勒出
服装的线条。线条要
流畅，表现出丝绸的
柔软感。

勾线时要注意，靠近
暗部和褶皱的线条
要加粗、加深，靠近
亮部的线条要轻一
些、细一些。

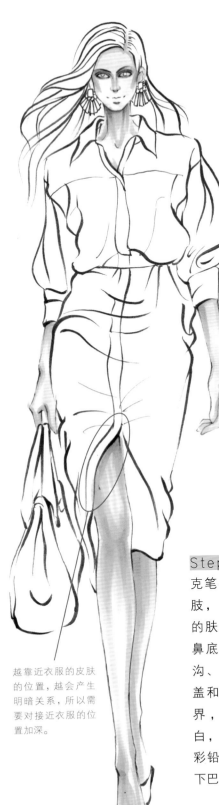

越靠近衣服的皮肤的位置，越会产生明暗关系，所以需要对接近衣服的位置加深。

Step4 用浅色马克笔平涂五官和四肢，然后用深一号的肤色加深眼窝、鼻底、颧骨、颌唇沟、手部内侧、膝盖和腿部的明暗交界，注意亮部留白，接着用深棕色彩铅#376对眼窝和下巴加深。

Step5 用Copic浅咖啡色马克笔平涂头发，注意留出头发的高光，然后用赭石色对头发暗部加深，并根据头发的走向用Copic深褐色马克笔对暗部加深，塑造出头发的立体感，接着用肤色彩铅加深鼻侧影和颧骨，加强五官的立体感，最后用蓝色平涂眼珠，再用大红色的彩铅刻画唇部。

Step7 用深一号
的黄色对面料的
暗部进行第1次加
深，由于丝绸的光
泽感很强，高光部
分注意要有留白。

Step8 用橙色马克笔
对面料的暗部进行加
深，注意加深的面积一
次比一次小，同时要根
据暗部的褶皱进行运
笔。使亮部和暗部形成
强烈的对比，表现出丝
绸的光泽感。

对衣褶的暗部线条进行再次加深，同时对面料的亮部进行提亮，突显出服装的立体感。

Step9 用CG0.5号冷灰色马克笔以平涂的方式画出提包的底色，然后用深一号的CG1号马克笔对提包暗部加深，注意提包是白色的。接着用白色高光提亮笔在服装的高光处进行大面积提亮，最后用中楷勾线笔加重服装的暗部线条。

Step10 绘制整体的高光部分，用白色高光提亮笔对面料的亮部进行提亮，同时将眼睛、鼻头、嘴唇和头发的高光画出来。

5.1.3 波点的表达方式

　　波点面料的服装具有非常好的减龄效果，会使穿着者显得非常活泼、可爱。在绘制时要先绘制出褶皱和明暗关系，再进行面料上的波点绘制，同时还要注意褶皱的变化会使波点面料上的波点产生变化。

◎ 使用颜色

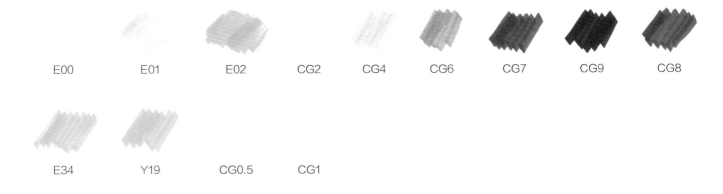

| E00 | E01 | E02 | CG2 | CG4 | CG6 | CG7 | CG9 | CG8 |

| E34 | Y19 | CG0.5 | CG1 |

◎ 绘制解析

① 绘制波点面料的线稿。

② 用小楷勾线笔对波点进行勾线。

③ 对波点进行颜色的绘制。

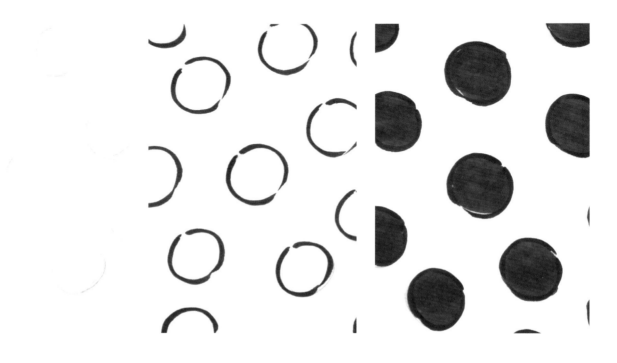

◎ 实例运用

Step1 用铅笔绘制出人体结构、动态和服装的大致外形。注意人体重心要稳。

Step3 用Copic 0.03号棕褐色针管笔对五官、四肢及露出皮肤的位置勾线，然后用小楷勾线笔对服装进行勾线，注意线条的轻重变化，接着擦掉铅笔稿，保持画面整洁。

Step2 仔细绘制出五官和服装的细节，注意面料挺括的质感。

Step4 用浅肤色的软头马克笔以平涂的方式画出皮肤颜色，然后用深一号的肤色将眼窝、鼻底、颧骨、颌唇沟、下巴和手部内侧加深，塑造立体感。

Step6 用CG0.5号马克笔平涂整个服装，由于服装的面料底色为白色，所以用CG1号马克笔对暗部加深，注意颜色不要太深，暗部面积不要过大。然后用CG8号马克笔对腰带和帽子的暗部加深。

Step5 用深棕色彩铅#376对眼窝和下颚处加深，将嘴唇用红色彩铅平涂，然后用中黄色马克笔以平涂的方式画出头发的颜色，接着用CG7号马克笔以平涂的方式画出服装上黑色部分的第1层颜色，注意高光处要有留白。

Step7 用CG9号马克笔对腰带、帽子和腿部的暗部再次加深，注意高光处应有留白。

Step9 用黄色马克笔对服装上的装饰进行平涂上色。然后用高光提亮笔对裙子的亮部、腰带的亮部和帽子的亮部进行提亮。同时将眼睛和嘴唇上的高光也点画出来。

绘制波点时，要先绘制出面料的底色、褶皱变化和明暗关系。

Step8 用CG8号马克笔绘制面料上的波点，注意排列不要太有规律。

5.1.4 条纹的表达方式

绘制条纹面料时要注意条纹随着褶皱变化而产生的变化。千万不要将条纹画得笔直，一定要跟随人体的动态进行绘制，同时注意条纹的粗细要大体一致。

◎ 使用颜色

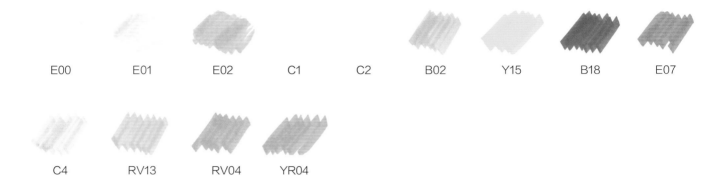

| E00 | E01 | E02 | C1 | C2 | B02 | Y15 | B18 | E07 |

| C4 | RV13 | RV04 | YR04 |

◎ 绘制解析

① 绘制条纹面料的线稿。

② 用Copic C1和Copic C2号马克笔对面料的暗部进行绘制，注意条纹要根据褶皱的变化而产生变化。

③ 对条纹的暗部进行加深，塑造出面料的立体感。

④ 对面料的高光进行提亮。

◎ 实例运用

Step1 用铅笔起稿，绘制出人体动态和服装的外形。

Step3 用Copic 0.03号棕褐色针管笔勾勒五官和四肢的线条，注意线条的轻重变化。然后用小楷勾线笔勾画出服装的线条，注意服装的线条要流畅，表现出面料的柔软感。

Step2 细化线稿，刻画五官，绘制出服装的造型。然后擦掉多余的线条，保持画面的整洁。

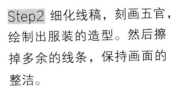

Step4 用彩铅绘制出裙子
上的花朵图案。

在涂面料颜色之前，先用彩铅
绘制出胸口和肩部的花朵图
案细节，用不同颜色的彩铅对
不同颜色的花朵图案进行描
绘，然后擦掉之前的铅笔底
线，以免用马克笔上色时笔触
碰到铅笔的笔触，造成画面不
整洁。

Step5 用浅肤色的软头马克
笔平涂五官和四肢，然后用
深一号的肤色加深眼窝、鼻
底、颧骨、下巴、胳膊和腿
部的明暗交界处。

Step6 用深棕色彩铅#376加深眼窝、眉毛、鼻底和下巴，用蓝色马克笔对眼珠平涂上色，然后用红色彩铅对嘴唇平涂上色，靠近唇中缝的颜色稍深，接着用蓝色对发带平涂上色，最后用相应颜色的马克笔对花朵图案进行平涂。

绘制面料时要先对服装面料的明暗和褶皱进行确定，塑造出面料的体积感。

Step7 用CG1号马克笔根据面料的走向进行平涂上色，注意高光处应有留白，然后用深一号的冷灰色对面料的灰面进行加深，接着用比之前都深的CG3号冷灰色马克笔加深裙子的暗部，注意暗部面积不要过大。

Step8 绘制条纹时要注意，同色可以先全部画好，然后再换另一种颜色，避免颜色出错，这样整体性较强。绘制时要根据面料的走向进行运笔，下笔要果断。

在条纹面料的边缘，有选择性地绘制几条流畅的线条，展现出此款条纹面料的柔软感。

Step9 对暗部加深，用白色高光提亮笔对亮部进行提亮，不要忘记眼睛和嘴唇上的高光。

5.1.5 格纹的表达方式

　　格纹面料是一种经典的几何图案面料，如苏格兰细格纹、土耳其格纹、棋盘格等。绘制时要注意，面料上的图案应根据人体动态的变化发生变化，不要将格纹面料画得四四方方的，一定要根据褶皱的走向进行绘制。此类面料一般采用叠加的铺色方式绘制，加强明暗关系的对比，凸显出亮部，塑造出面料的立体感。

◎ 使用颜色

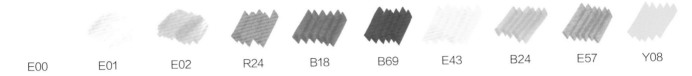

| E00 | E01 | E02 | R24 | B18 | B69 | E43 | B24 | E57 | Y08 |

◎ 绘制解析

　　① 用彩铅绘制格子面料的格纹。

　　② 用Copic R24号马克笔对格纹的红色进行绘制。

　　③ 用Copic B18号马克笔对格纹的底色进行绘制。

　　④ 用白色高光提亮笔绘制格纹的白色条纹。

　　⑤ 用Copic B69号马克笔对格纹进行最后的调整。

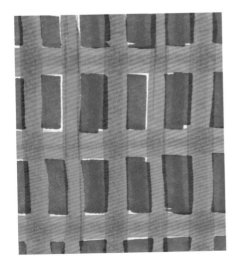

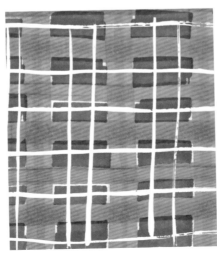

◎ 实例运用

Step1 用铅笔将人体动态和服装的外形轮廓绘制出来。绘制线稿的辅助线时下笔要轻。

Step3 用Copic 0.03号棕褐色针管笔勾勒出五官、四肢和肌肤的线条，然后用小楷勾线笔根据服装面料的走向勾画出服装的外形。注意用线要有轻重变化，线条要流畅。

Step2 根据铅笔线稿完善五官、四肢和服装的细节。

Step4 用浅肤色的软头马克笔平涂五官、手部和腿部，然后用深一号的肤色加深眼窝、鼻底、颧骨、颌唇沟、下巴、手部内侧和腿部的明暗交界处，塑造出人物的立体感。

Step6 刻画头发，注意靠近帽子和发根的头发颜色更深。然后用黑色针管笔对眼睛、鼻子和唇中缝再强调一下。接着平涂服装的底色，注意根据面料的走向进行运笔，注意高光处应有留白。

Step5 用中黄色对头发进行平涂上色，然后用深棕色彩铅#376加深眼窝、眉毛、鼻底和下巴，使五官更加立体。接着用蓝色对眼珠进行平涂上色，用红色彩铅对嘴唇平涂上色，加深靠近唇中缝的颜色。

Step7 用深一号的蓝色加深服装的暗部，运笔速度要快，下笔要果断，避免产生跑色现象。

Step9 用白色丙烯绘制上衣的格纹，然后用红色涂在裙子的白色丙烯上，接着在红色的格纹上再次用白色丙烯绘制白色格纹。

在深色面料上绘制浅色图案时，可以先用白色丙烯对图案的底部进行覆盖，等颜色干了之后，再绘制需要的格纹颜色。

Step8 用比之前都深的蓝色，进行第2次加深，每次加深的面积都是越来越小，然后用白色丙烯绘制格纹。由于将蓝色颜料直接涂到红色格纹上会有混色，因此可以先涂一层白色丙烯（丙烯颜料具有一定的覆盖能力）。

先用白色丙烯绘制面料上的格纹底色，再用原来的格纹颜色进行覆盖。

Step10 用黄色对上衣的白色格纹平涂，将暗部加深。

Step12 用白色高光提亮笔提亮服装上的搭扣的高光处，同时将提包的亮部用高光提亮笔提亮。

Step11 绘制提包的颜色。先用Copic浅咖啡色马克笔平涂包身，然后用Copic深褐色马克笔加深提包的暗部，接着用红色平涂包盖和包带的颜色。

5.1.6 皮草的表达方式

　　皮草分为长毛和短毛两种类型，不同长度的毛，绘制方式也是不一样的。起稿时首先要绘制出皮草服装的大致外形，皮草类的服装表面蓬松，体积感强，褶皱变化不明显。上色时要从浅至深铺色，同时要从整体到细节。表现皮草的毛尖质感时要用轻快、活泼的笔触进行绘制。

◎ 使用颜色

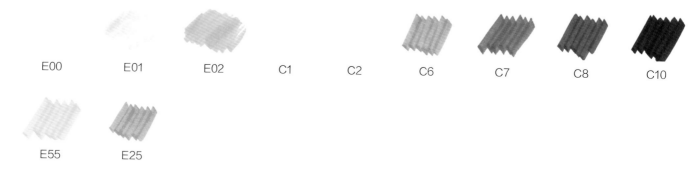

E00　　　　　E01　　　　　E02　　　　　C1　　　　　C2　　　　　C6　　　　　C7　　　　　C8　　　　　C10

E55　　　　　E25

◎ 绘制解析

　　① 绘制皮草的线稿。
　　② 用小楷勾线笔对皮草进行勾线，注意走线要有轻重变化，表现出皮草的质感。
　　③ 用Copic C1和Copic C2号马克笔绘制皮草的底色，走线要轻松、活泼。
　　④ 用Copic C6号马克笔对皮草的暗部进行加深。
　　⑤ 用高光提亮笔对皮草的亮部进行提亮，绘制出皮草的光泽感。

◎ 实例运用

Step1 用铅笔起稿，下笔不要太重。根据人体动态和服装的大致外形，绘制出整体的结构。

Step3 用Copic棕色针管笔勾画五官和肌肤的线条。然后用小楷勾线笔强调服装的结构，要注意皮草的线条排列，不要产生平行或长度一样的毛，注意下笔的轻重变化，要有节奏感。

Step2 仔细刻画人物的五官，并绘制出服装的细节，绘制出皮草的大致轮廓。

绘制皮草的毛尖时笔触不要一样，长度要参差不齐，毛的摆动方向也要有变化，不能只朝着一个方向。注意线条的轻重变化。

Step4 用浅肤色对五官、手部和腿部进行平涂上色，然后用深一号的肤色加深眼窝、鼻底、颧骨、颌唇沟、下巴和腿部的明暗交界处。

Step6 用Copic深褐色马克笔将发根和发梢处加深。

Step5 刻画五官，用深棕色彩铅#376对眼窝、鼻底和下巴处加深，使得五官更加立体。然后用蓝色对眼珠进行平涂上色，再用红色对嘴唇进行平涂上色，接着用白色高光提亮笔对眼珠和嘴唇提亮，最后用中黄色以平涂的方式画出头发的底色。

Step7 用CG1号马克笔对皮草进行平涂上色，然后用CG2号马克笔对皮草根部和毛尖进行逐渐加深，笔触由轻到重，下笔要果断，避免产生晕色的现象。根据皮草的走向进行运笔。

绘制皮草的底色，要从浅至深进行运笔。

Step8 用更深一号的冷灰色对皮草的暗部进行第2次加深。加深的面积一次比一次小，在收笔时力道放轻，形成较为尖锐的笔锋，表现出皮草的质感。

Step9 用中灰色对裙子进行平涂，根据面料的走向运笔，注意在高光处应有适当的留白。

Step11 对皮草和内搭裙子的暗部再次进行加深，使皮草整体更加立体，具有厚重感。

Step10 用再深一点的冷灰色对皮草的根部，以及裙子和靴子的暗部加深。暗部的面积要一次比一次小。

加深对皮草的暗部时笔触要跳跃、轻松。

Step12 用白色丙烯对皮草的毛尖进行提亮，表现出根根分明的质感和皮草的光泽度。注意运笔方向不要太有规律。同时对靴子进行提亮。

绘制皮草毛尖的亮部时要参差不齐、长短不一，越靠近亮部的位置越要绘制多一些。

Step13 用小楷勾线笔对皮草进行刻画，增强皮草的厚重感。

5.1.7 皮革的表达方式

皮革根据质地的不同分为两种，一种是表面具有光泽的皮革，绘制时应主要抓住皮革的光泽特点，进行分层次概括表现；另一种则是表面有绒面或是以线缝制的皮革，绘制这类皮革时应主要表现出皮革的厚度和质感。

◎ 使用颜色

| E00 | E01 | E02 | B00 | B12 | B02 | B16 | B18 | RV52 | V08 |

| R27 | R59 | E43 | E57 |

◎ 绘制解析

① 绘制皮革面料的线稿。

② 用小楷勾线笔对线稿进行勾线。

③ 用Copic B00号马克笔绘制皮革面料的底色。

④ 用Copic B12号马克笔对皮革面料的暗部进行第1层颜色绘制。

⑤ 用Copic B02号马克笔对皮革面料的暗部再次进行绘制，注意高光处应有留白。

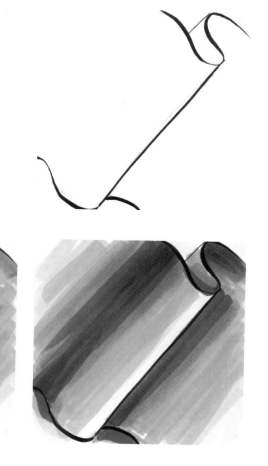

◎ 实例运用

Step1 用铅笔绘制出人物和
服装的大致外形，确定人物
的动态造型。

Step3 用Copic棕色针管笔勾画五官和肌
肤的线条，明确结构关系，然后用小楷勾
线笔勾画服装的线条，根据皮革面料的走
向进行运笔。注意线条的轻重变化。

Step2 细化线稿，深入刻画
人物的五官造型、服装款式
和服装内部的细节。

Step4 用浅肤色以平涂的方式绘制五官和四肢的颜色，然后用深一号的肤色对眼窝、鼻底、颧骨、颌唇沟和下巴加深，使五官更加立体，接着加深胳膊和腿部的暗部，最后画出头巾和丝巾的暗部颜色。

绘画时要注意眼镜的投影，塑造立体感。

Step6 用浅蓝色对皮革进行平涂上色，注意根据皮革面料走势运笔，高光处应有留白。然后仔细刻画眼眶的颜色，注意要有体积感。

Step5 将头发用黄色先平涂一层，然后用中黄色对头发的暗部加深，使头发更有体积感，然后对头巾和丝巾进行平涂上色。

Step7 用再深一号的蓝色对皮质的暗部逐步加深，靠近衣服叠加的位置和褶皱的位置都会产生明暗变化。

Step9 对提包和手套进行细节刻画，增强立体感。最后调整画面。

绘制皮革面料应该进行分层次的叠加上色，每上一次颜色都比前一次要深，绘制的面积要比前一次的小，上色排列要有顺序。最后对皮革的高光处提亮，使得皮革质感更加强烈。

Step8 用卡其色对提包和手套进行平涂上色，然后用粉色以平涂的方式画出鞋子的底色，接着用大红色对暗部加深，最后用高光提亮笔对服装和皮鞋提亮。

5.2 水彩时装画整体表现

水彩绘制时装画所用到的工具如下。

1.Copic白色高光液

2.Copic黑色0.03针管笔

3.Copic棕褐色0.03针管笔

4.Pentel 0.3自动铅笔

5.蜻蜓角型自动工程橡皮擦

6.HB 0.3自动铅笔

7.可塑橡皮

8.史明克固体水彩

9.辉柏嘉油性48色彩铅

10.温莎牛顿Series7 Miniatures微型00号勾线笔

11.温莎牛顿Series7 Miniatures微型1号勾线笔

12.Martist-4700喀山松鼠毛3号水彩画笔

13.Martist-4700喀山松鼠毛8号水彩画笔

14.阿诗棉浆水彩纸（规格为300g/m²）

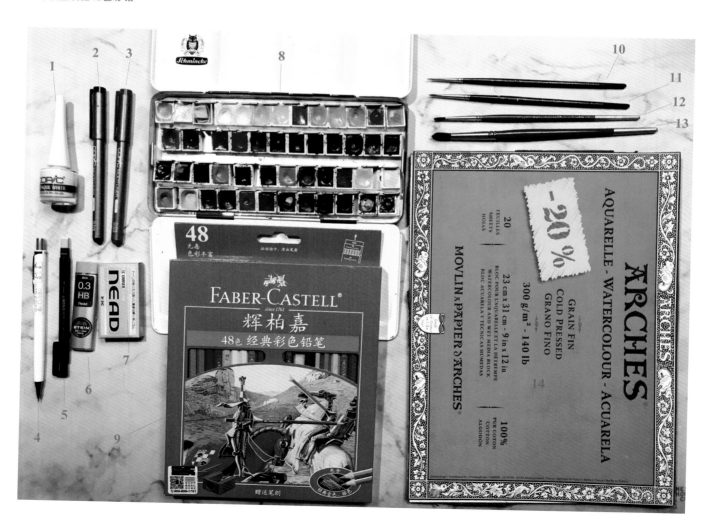

5.2.1 丝绒的表达方式

丝绒面料拥有温润的光泽和独特的触感，展现出高贵、华丽的感觉。丝绒面料手感丝滑，有韧性。绘制丝绒面料时要注意其明暗关系，丝绒面料与丝绸面料都有强烈的明暗关系对比。

◎ 使用颜色

#230
那不勒斯黄微红（肉色）

#224
浅铬黄

#655
黄赭

#661
焦赭

◎ 绘制解析

① 待土黄色未干之时，用赭石色对其进行全湿叠色晕染。

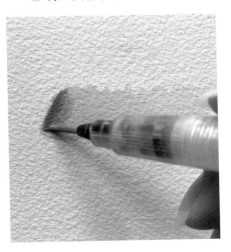  

② 等到第1层晕染半干后，进行第2层加深晕染。

Step1 用铅笔起稿，下笔要轻一些，确定人体的动态和服装的大致外形。

Step2 用Copic棕褐色针管笔对五官、手部和腿部进行勾线，然后用肤色彩铅对服装进行勾线，避免水彩对铅笔的笔触产生混色而弄脏画面。

上水彩前，先用彩铅对铅笔线稿勾勒一遍，可以避免弄脏画面。

Step3 先用肤色以平涂的方式画出皮肤的颜色，等待水分变干的同时，对丝绒面料的暗部和褶皱处进行上色。待皮肤处的水分变干后，再对眼窝、颧骨、颌唇沟和下巴进行加深，使五官更加立体。等到丝绒部分的水分干得差不多了就进行平涂上色。

Step4 趁丝绒面料的暗部未干时，对暗部再次加深，使其自然晕开。等暗部完全干透后，对灰面进行平涂，颜色过渡要自然。

Step6 先对内搭衣服进行平涂上色，等待水分变干的同时可以画丝绒面料裙子，对丝绒面料裙子再次平涂上色。待内搭衣服的水彩变干后再次加深暗部，增强衣服的立体感，然后仔细刻画五官，着重强调眼睛和嘴唇。

Step5 刻画五官细节，用油性彩铅对五官进行刻画、加深，画出蓝色眼珠，然后加深五官暗部，增强五官立体感。同时再次加深丝绒的暗部。

Step7 刻画丝绒面料褶皱细
节。对暗部再次进行加深，
暗部要接近于深棕色。加强
明暗对比。

Step9 对袜子进行刻画，画出袜
子的纹理。然后对裙子的高光处
进行提亮，突出丝绒面料的质感。
最后对画面进行调整。

绘制丝绒的暗部时
要不断加深，使其
与亮部产生强烈的
对比。

Step8 再次加深丝绒面料的
暗部，使暗部接近于黑色。
使对比更加强烈，表现出丝
绒面料的光泽感。

5.2.2 豹纹的表达方式

经典豹纹图案主要以黑色和深褐色搭配。随着流行趋势的变化，时尚界展现出越来越多不同配色的豹纹图案。绘制豹纹面料的时候，首先要分清面料属于轻薄质地还是厚重质地，不同质地的面料的褶皱会影响豹纹图案的变化，还要注意绘制豹纹图案不要有规律，要自然一些，大小不一，形状不一。

◎ 使用颜色

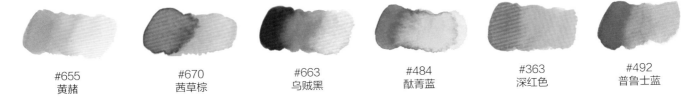

#655	#670	#663	#484	#363	#492
黄赭	茜草棕	乌贼黑	酞菁蓝	深红色	普鲁士蓝

◎ 绘制解析

① 用土黄色绘制出豹纹的底色
② 用深褐色绘制出豹纹图案的纹路。
③ 用深褐色对豹纹图案的纹路进行晕染。

◎ 实例运用

Step1 先用铅笔起稿，下笔不要太用力，确定人体的动态和服装的大致外形即可。

Step3 用Copic棕褐色针管笔对五官和手部进行勾边，然后用肤色将服装外形勾勒出来。接着用黄色平涂头发。

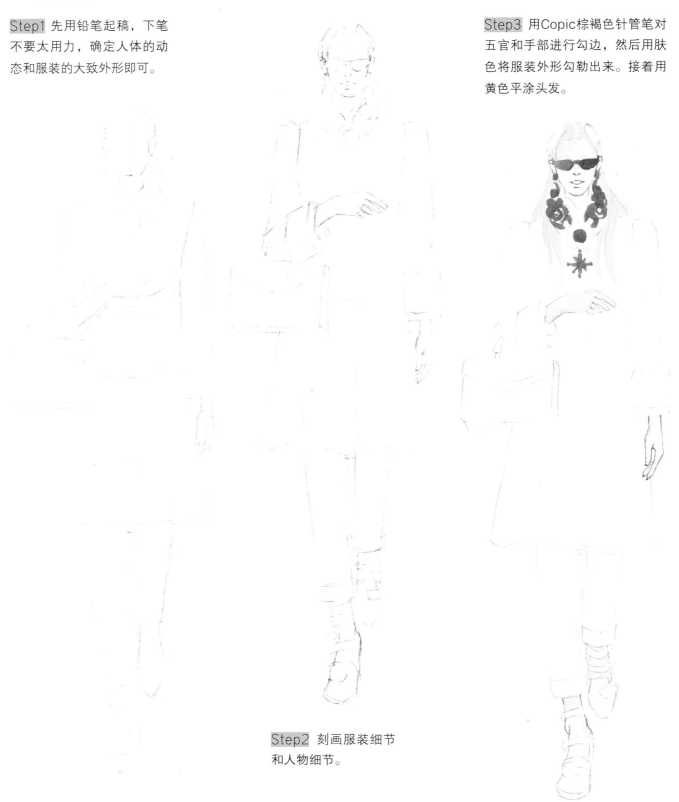

Step2 刻画服装细节和人物细节。

Step4 用大号的画笔对皮草的底色进行平涂绘制，然后用平涂的方式绘制裤子的底色。水彩上色时一定要注意，第1层颜色未干时，千万别上第2层颜色，以免弄脏画面（做渲染除外）。

Step6 开始对豹纹图案进行绘制。先将豹纹图案的底色画出，等颜色干透后再绘制上面的黑色，不要出现很规律的图案。然后加深袖口，接着仔细刻画耳环和领口饰品。

Step5 对皮草底色再次进行加深，注意表现出衣服的褶皱，然后加深裤子的暗部褶皱，接着绘画出墨镜和耳环饰品。

Step7 开始对提包进行刻画，先绘制提包的整体颜色，在等待颜色变干的同时将裤子的暗部进行加深，留出高光的位置。

Step9 绘制豹纹皮草毛茸茸的质感。在皮草暗部用极小的毛笔慢慢画出毛尖，绘制毛尖时注意不要太有规律，要有层次感。

Step8 画出提包上面的花纹，然后对裤子暗部进行第2次加深，接着加深豹纹皮草上衣的暗部。

Step10 用白色丙烯对皮草进行提亮，表现出皮草的光泽度，然后平铺鞋的底色。

在衣服的亮部用高光提亮笔进行提亮，可以塑造出皮草的光泽感。提亮时一定要用笔尖很细的笔进行绘制。

Step11 对提包的暗部进行加深，表现出立体感，然后画出牛仔裤上的花纹，接着用白色丙烯对鞋进行提亮。

Step12 用白色丙烯绘制出提包上的花纹。

Step13 对皮草和牛仔裤的暗部进行加深，加强服装的对比，凸显服装的立体感。

5.2.3 千鸟格的表达方式

　　千鸟格面料能展现出女性的优雅和高贵气质。不同的服装款式用千鸟格面料缝制出来的效果都是不一样的，但都透露出一种浓浓的复古风格。绘制千鸟格图案的面料时，要注意人体姿态的变化会对千鸟格产生影响，所以不能所有的千鸟格图案都大小一样，要做到主次分明。

◎ 使用颜色

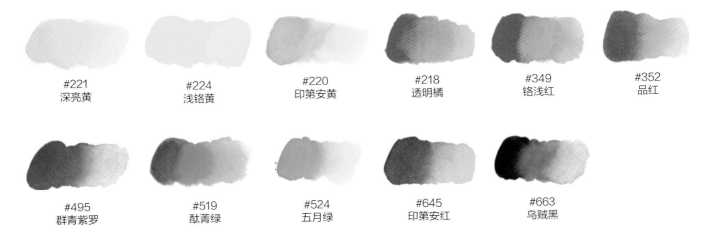

| #221 深亮黄 | #224 浅铬黄 | #220 印第安黄 | #218 透明橘 | #349 铬浅红 | #352 品红 |

| #495 群青紫罗 | #519 酞菁绿 | #524 五月绿 | #645 印第安红 | #663 乌贼黑 |

◎ 绘制解析

① 先绘制出千鸟格的底色。
② 用黑色的水彩像绘制"闪电"形状一样，绘制千鸟格。

Step1 用铅笔绘制出人体动态和服装的大致外形。

Step3 用Copic棕褐色针管笔对五官和皮肤进行勾线，然后用肤色对服装进行勾线，接着擦掉多余的铅笔底稿，保持画面整洁。

Step2 仔细刻画出五官细节，然后仔细绘制出服装上的花朵图案。

Step4 用肤色对五官和皮肤进行平涂，等待颜色变干的同时平涂出头发的颜色。待五官的肤色干透后，对眼窝、鼻底、颧骨、唇底和下巴加深，塑造出五官的立体感，然后对头发的暗部进行加深。

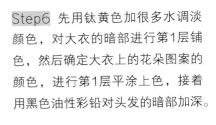

Step6 先用钛黄色加很多水调淡颜色，对大衣的暗部进行第1层铺色，然后确定大衣上的花朵图案的颜色，进行第1层平涂上色，接着用黑色油性彩铅对头发的暗部加深。

绘制千鸟格前，需要先对千鸟格的底色进行平铺。

Step5 用油性彩铅刻画五官细节，先用棕色对眼窝和鼻底进行加深，再用红色对嘴唇进行平涂。然后用Copic黑色针管笔强调眼部的结构。

Step8 根据铅笔确定的位置，用水彩绘制千鸟格。

Step7 用彩铅确定千鸟格的位置，避免后面上色时对位置把握不够准确。确定位置后，对大衣上的花朵图案进行深入刻画，对花朵图案的暗部进行加深，塑造出花朵图案的立体感。

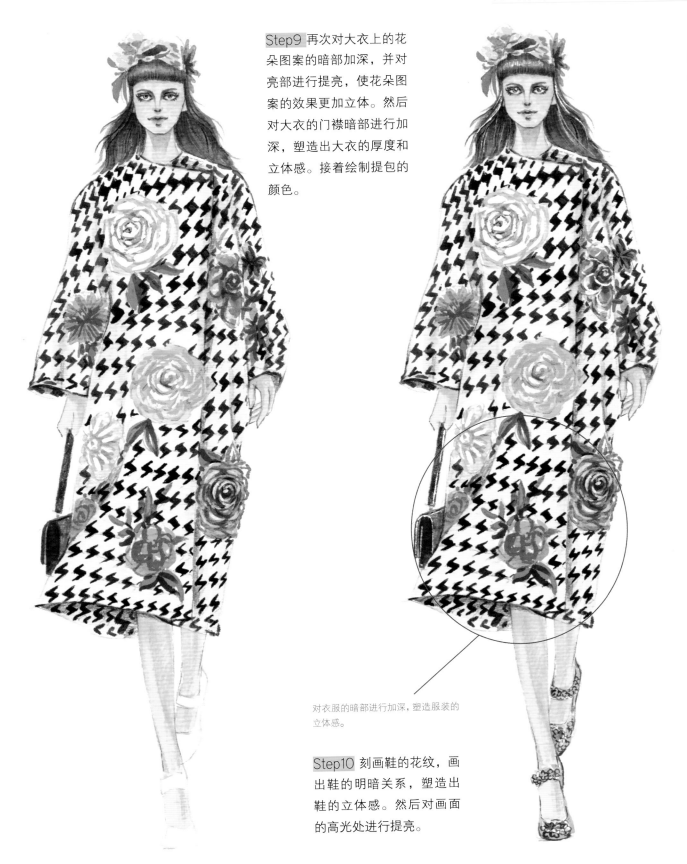

Step9 再次对大衣上的花朵图案的暗部加深，并对亮部进行提亮，使花朵图案的效果更加立体。然后对大衣的门襟暗部进行加深，塑造出大衣的厚度和立体感。接着绘制提包的颜色。

对衣服的暗部进行加深，塑造服装的立体感。

Step10 刻画鞋的花纹，画出鞋的明暗关系，塑造出鞋的立体感。然后对画面的高光处进行提亮。

5.2.4 针织的表达方式

针织面料伸缩性强，质地柔软，吸湿透气。针织的纹理组织较为明显，刻画针织面料时要注意结合人体的动态进行绘制。针织图案是依面料自身的纹理呈现出来的，不同的人体动态会影响针织面料的视觉效果。

◎ 使用颜色

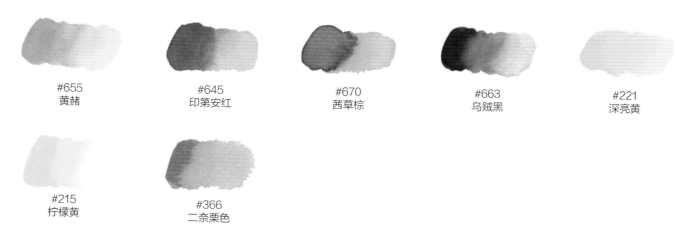

#655
黄赭

#645
印第安红

#670
茜草棕

#663
乌贼黑

#221
深亮黄

#215
柠檬黄

#366
二奈栗色

◎ 绘制解析

① 先绘制出针织面料的底色。

② 待第1层水分干了之后，再绘制面料上的针织纹理。

◎ 实例运用

Step1 用铅笔绘制出人体和服装的基本结构，下笔不要太重。

Step3 用肤色水彩平涂五官、手部和腿部。

Step2 用油性肤色彩铅对人体和服装进行勾线，然后擦掉多余的铅笔底稿，保持画面的整洁。

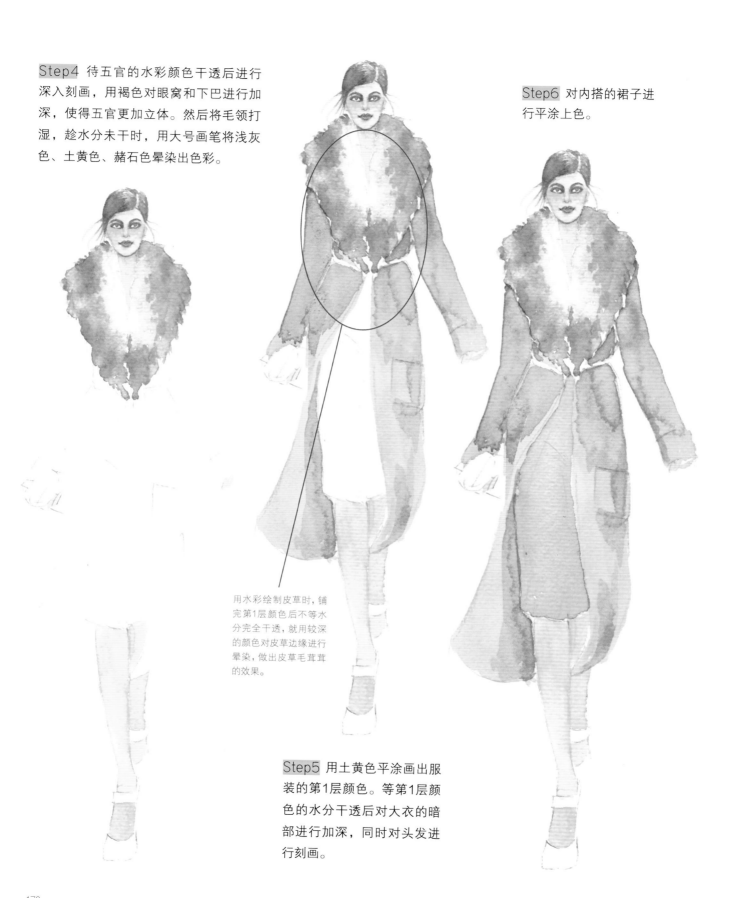

Step4 待五官的水彩颜色干透后进行
深入刻画，用褐色对眼窝和下巴进行加
深，使得五官更加立体。然后将毛领打
湿，趁水分未干时，用大号画笔将浅灰
色、土黄色、赭石色晕染出色彩。

Step6 对内搭的裙子进
行平涂上色。

用水彩绘制皮草时，铺
完第1层颜色后不等水
分完全干透，就用较深
的颜色对皮草边缘进行
晕染，做出皮草毛茸茸
的效果。

Step5 用土黄色平涂画出服
装的第1层颜色。等第1层颜
色的水分干透后对大衣的暗
部进行加深，同时对头发进
行刻画。

Step7 用油性黑色彩铅对皮草毛领进行刻画，顺着毛的方向按照一簇簇的规律绘制毛尖，然后用Copic黑色针管笔强调眼部造型，加深鼻孔和唇中缝，使五官更加立体。

Step9 用褐色对毛衣外套进行第1层底纹刻画，然后对内搭的丝绸进行细节刻画，对丝绸的暗部进行第1层加深，注意内搭裙子的褶皱。

Step8 对毛线大衣外套进行加深，越靠近身体内侧的地方颜色越深，表现出外套的立体感。

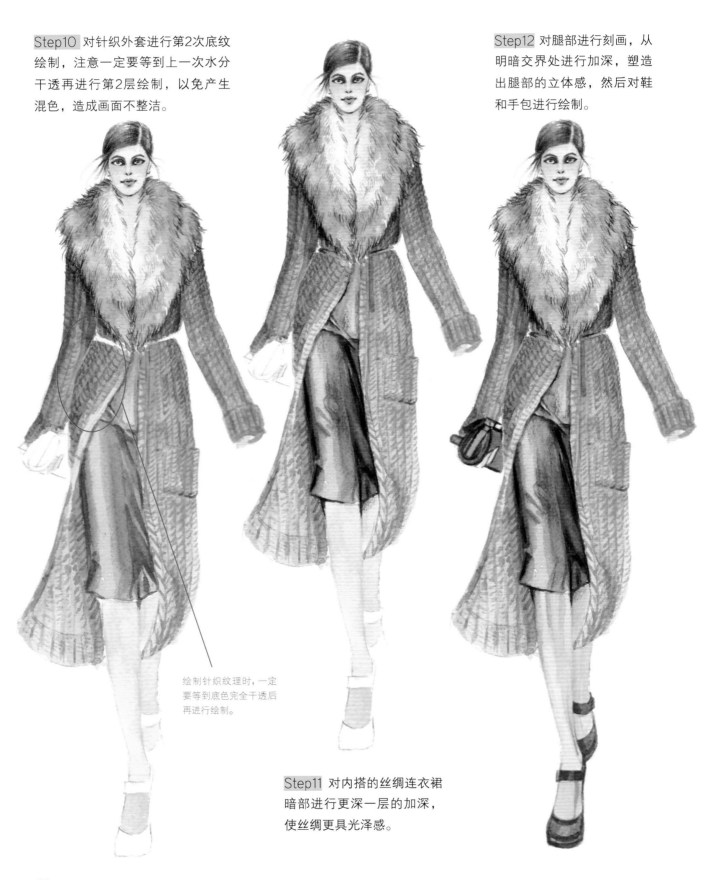

Step10 对针织外套进行第2次底纹绘制，注意一定要等到上一次水分干透再进行第2层绘制，以免产生混色，造成画面不整洁。

绘制针织纹理时，一定要等到底色完全干透后再进行绘制。

Step11 对内搭的丝绸连衣裙暗部进行更深一层的加深，使丝绸更具光泽感。

Step12 对腿部进行刻画，从明暗交界处进行加深，塑造出腿部的立体感，然后对鞋和手包进行绘制。

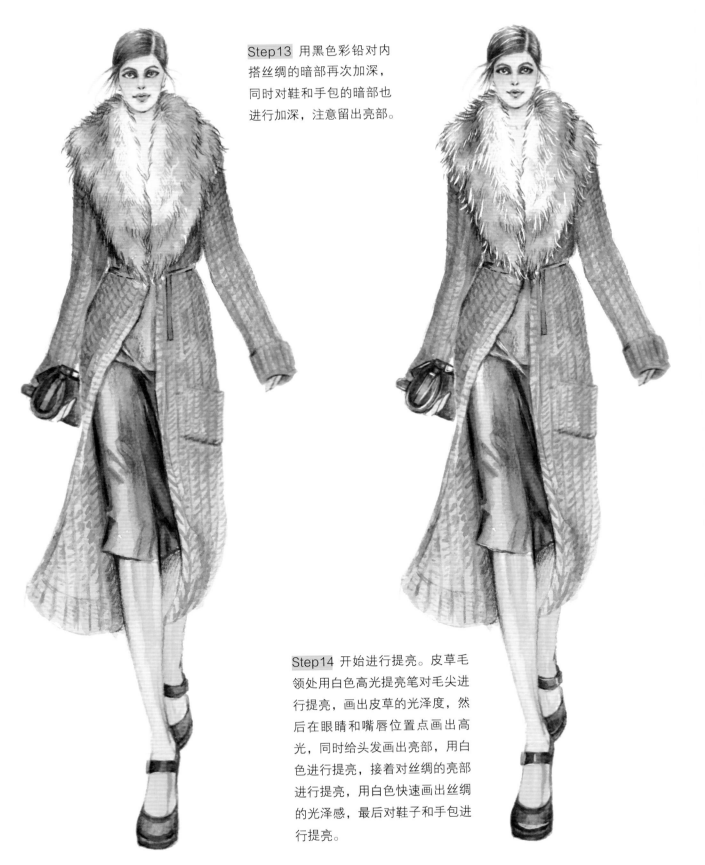

Step13 用黑色彩铅对内搭丝绸的暗部再次加深，同时对鞋和手包的暗部也进行加深，注意留出亮部。

Step14 开始进行提亮。皮草毛领处用白色高光提亮笔对毛尖进行提亮，画出皮草的光泽度，然后在眼睛和嘴唇位置点画出高光，同时给头发画出亮部，用白色进行提亮，接着对丝绸的亮部进行提亮，用白色快速画出丝绸的光泽感，最后对鞋子和手包进行提亮。

5.2.5 印花的表达方式

印花图案面料分为很多种，有独立的大朵花卉，也有具有规律的花纹图案。不同花卉图案的绘制方法是不一样的。绘制大朵花卉的图案的时候，要根据人体的造型来确定花卉图案的位置、形状，因为面料在人体上会产生透视变化。同理，有规律的花纹图案也是一样，虽然花纹一样，但由于人体的动态和人体的结构影响着面料，使花卉图案产生变化，明暗也产生了变化。

◎ 使用颜色

#363	#352	#218	#349	#534
深红色	品红	透明橘	铬浅红	永固橄榄绿

#525	#474	#480
橄榄绿黄	锰紫	山蓝

◎ 绘制解析

① 先用玫红色的水彩绘制出花纹的底色。

② 对花纹的暗部进行逐层加深，由内向外。

③ 对花心图案再次进行加深渲染，塑造出花朵图案的立体感。

◎ 实例运用

Step1 用铅笔轻轻绘制出人体动态和服装的大致外形。

Step3 用Copic棕褐色针管笔对五官和四肢进行勾线，再用肤色彩铅对服装进行勾线，以免上水彩时，由于铅笔的笔触造成画面不整洁而出现混色。然后用肤色对五官和四肢进行平涂上色，接着对头发部分进行平涂，等头发部分的水分干透后对暗部进行加深。

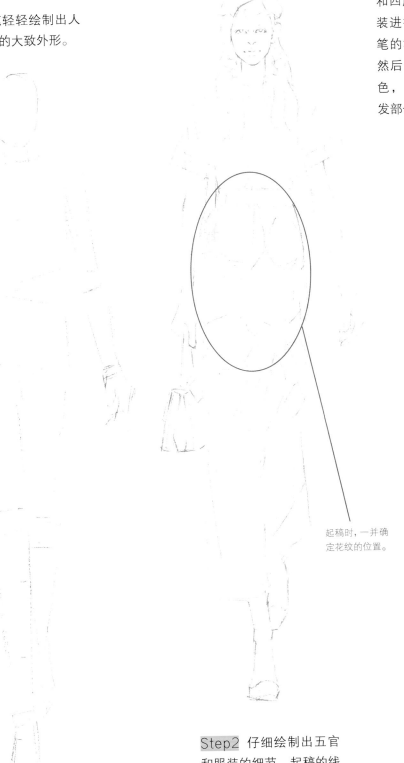

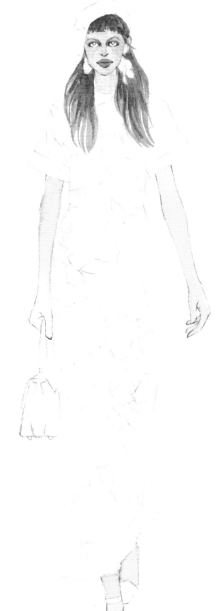

起稿时，一并确定花纹的位置。

Step2 仔细绘制出五官和服装的细节，起稿的线条不要太深。

Step4 用肉粉色加大量的水调和，对裙子的暗部进行绘制。等待水彩颜色变干的同时对提包先进行第1层平涂上色。待裙子的水彩颜色干透后，开始绘制裙子上的花纹，将各个花朵的底色画出来，然后用褐色对眼窝处进行加深，使五官更加立体。

Step6 对裙子上的印花仔细地进行绘制。将花朵的暗部进行加深，留出花朵的高光。

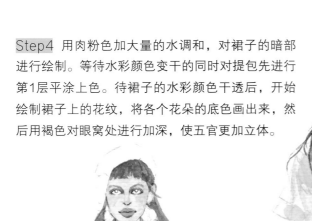

绘制印花面料的时候，先绘制出面料的底色，再绘制出面料的明暗关系。

Step5 对五官和头发进行深入刻画。用肤色彩铅对眼窝进行加深，同时用彩铅对颧骨的颜色进行过渡，并加一点腮红。然后用蓝色平涂眼珠，并提亮嘴唇上的高光。接着用深褐色对头发的暗部进行过渡，待头发暗部的水分干透后，再用彩铅绘制出头发的发丝，最后绘制发饰。

Step7 绘制出裙子上叶子图案的颜色。

Step9 绘制出提包的明暗关系，塑造出体积感。

Step8 仔细刻画裙子上的叶子图案。将叶子图案的茎部加深，靠近花朵图案的叶子图案同样也需要加深。

Step10 对提包仔细进行刻画，画出提包上面的蛇皮纹，继续加深暗部，然后在留出的高光处用彩铅白色进行提亮，塑造出提包挺括的立体质感。

要将袖口与手臂产生的投影关系明确地画出来，凸显出服装的立体感。

Step12 用丙烯颜料对鞋上的饰品进行绘制，然后对整个画面进行调整。

此款是蛇皮纹手提包，要将蛇皮的纹理绘制出来，同时要注意提包的高光。

Step11 对鞋进行平涂，然后用丙烯颜料对头饰进行绘制，因为丙烯颜料具有很好的覆盖性，所以绘制的颜色非常鲜艳、美丽。

5.2.6 蕾丝的表达方式

蕾丝面料又称为花边面料，它可以应用于纺织行业的各个方面，任何一种元素中都可以融入蕾丝。蕾丝面料多数以半透明质感呈现，所以绘制蕾丝面料的时候，首先要绘制人体的肤色，再绘制蕾丝面料半透明质感的底色，最后刻画蕾丝面料的细节。

◎ 使用颜色

#230
那不勒斯黄微红（肉色）

#663
乌贼黑

#893
金色

◎ 绘制解析

先绘制蕾丝面料的底色，再绘制蕾丝面料的图案。

Step1 用铅笔绘制出人体动态和服装的结构关系。

Step3 用Copic棕褐色针管笔对五官和皮肤进行勾线，注意线条的轻重变化，然后用肤色彩铅对服装进行勾线，接着擦掉多余的铅笔底稿，保持画面整洁。

Step2 用铅笔仔细绘制出人物五官和服装的细节，起稿的线不要太深。

Step4 用肤色对五官和皮肤
进行平涂。

Step6 对蕾丝部分的暗部进行再一
次加深，突出褶皱的感觉，然后用小
笔头的小楷勾线笔画出头纱的蕾丝。

绘制蕾丝前要先绘制
出人体的皮肤，因为
此款蕾丝面料呈现半
透明状态。

Step5 对蕾丝的暗部进行加深。细化五
官，用彩铅对眼窝和鼻底进行加深，然后
用Copic黑色针管笔对五官进行强调，接
着对嘴唇和眼珠进行绘制，并提亮高光。

Step7 对上半身衣服的蕾丝进行勾画，需要有耐心，慢慢绘制，不要着急。然后对暗部进行再次加强，注意留出亮部。

Step9 对蕾丝的高光部分进行提亮，使明暗对比和立体感更强。

Step8 对裙子部分的蕾丝进行绘制，然后画出左腿的蕾丝面料质感，右腿采用虚化的方式处理，使画面虚实结合，接着绘制鞋、手套和提包，最后用金色对胸前的饰品进行绘制。

5.2.7 牛仔的表达方式

牛仔面料质地较厚，多为蓝色。织物多为棉质，牛仔面料服装上一般都有分割线和结构线。绘制牛仔面料的时候，可以用涂抹、干擦的方法来体现出面料粗、厚、硬的外观效果。牛仔质地的服装多数以挺括、硬朗为主。注意绘制牛仔面料的高光时，不要太亮，要考虑牛仔面料的粗布质地，反光要减弱，暗部要加深。

◎ 使用颜色

#484　　　　#492　　　　#787　　　　#661　　　　#668
酞菁蓝　　　普鲁士蓝　　佩恩灰微蓝色　焦赭　　　　焦棕

◎ 绘制解析

① 先绘制出牛仔面料的底色。

② 对暗部逐渐加深。

③ 等到第1层水分干透后，再往上加深，绘制暗部，使面料更有立体感。

◎ 实例运用

Step1 用铅笔绘制出人物整体动态造型，先确定服装的基本结构关系，然后细致绘制出服装的细节。

Step3 用Copic棕褐色针管笔对五官和四肢进行勾线，然后用肤色对皮肤部分进行第1层平涂上色，接着用浅蓝色对牛仔面料进行第1层平涂上色。

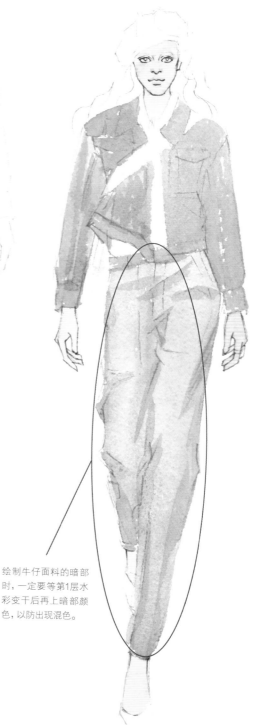

绘制牛仔面料的暗部时，一定要等第1层水彩变干后再上暗部颜色，以防出现混色。

Step2 用肤色彩铅对人物和服装进行勾线，并擦掉多余的铅笔稿。

Step4 细化五官，对眼窝、鼻底、颌唇沟和下巴处进行加深。然后用黑色彩铅对眼线和眉毛部分进行加深，接着对唇部进行平涂上色，靠近唇中缝的地方颜色稍深，再对头发进行平涂上色，最后对牛仔服装的暗部和褶皱处进行加深。

Step5 对头发进行细化，先进行第1层的暗部加深，等暗部完全干透后用深褐色彩铅对头发的暗部再次加深，并画出头发的发丝感，然后对帽子的暗部进行加深。

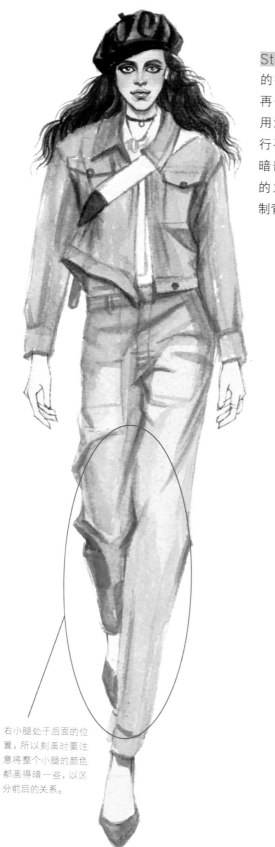

Step6 对牛仔面料的褶皱和暗部进行再一次加深，然后用深蓝色对帽子进行平涂上色，突出暗部，显示出帽子的立体感，接着绘制背包的包带。

最后对牛仔面料外套的明线进行提亮。

Step7 用接近黑色的深藏蓝色对褶皱最暗处进行加深，加强暗部，留出亮部。然后绘制包带的花纹，接着用高光提亮笔对牛仔面料和头发提亮，塑造出人物立体感和牛仔面料的质感。

右小腿处于后面的位置，所以刻画时要注意将整个小腿的颜色都画得暗一些，以区分前后的关系。

06

时装画
中的配饰表现

6.1 包的结构塑造与绘画技法

6.1.1 包的品种

　　包在时尚圈中越来越重要，各个品牌都有不同的款式。服装的流行趋势影响着包的设计造型与趋势。不同包的功能和特征也是不一样的，在绘制时要注意透视关系，以免画出的包的结构、造型不够准确。

医生包

小方包

信封包

戴妃包

水饺包

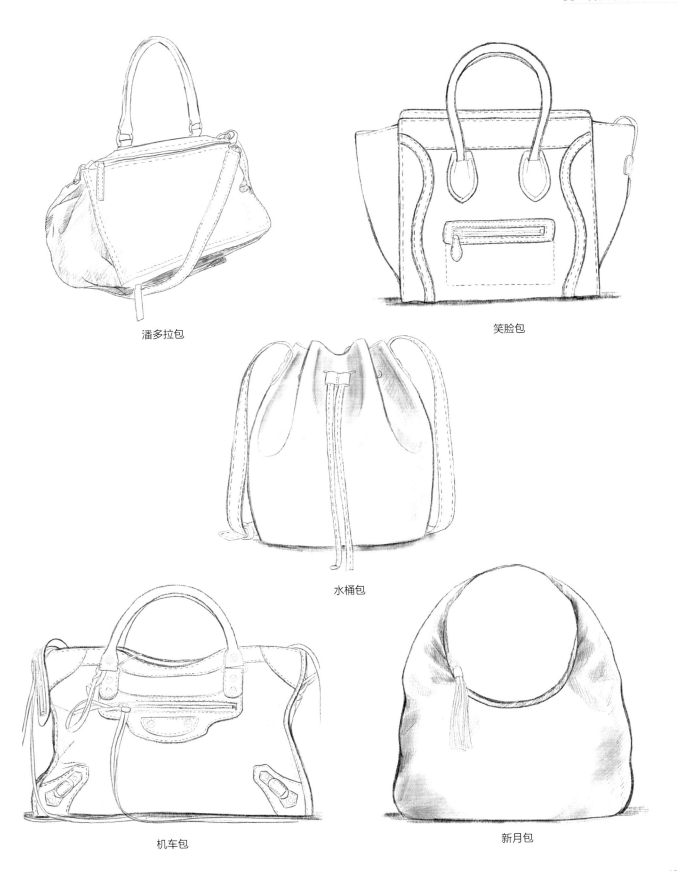

潘多拉包

笑脸包

水桶包

机车包

新月包

6.1.2 包的结构分析

◎ 信封包

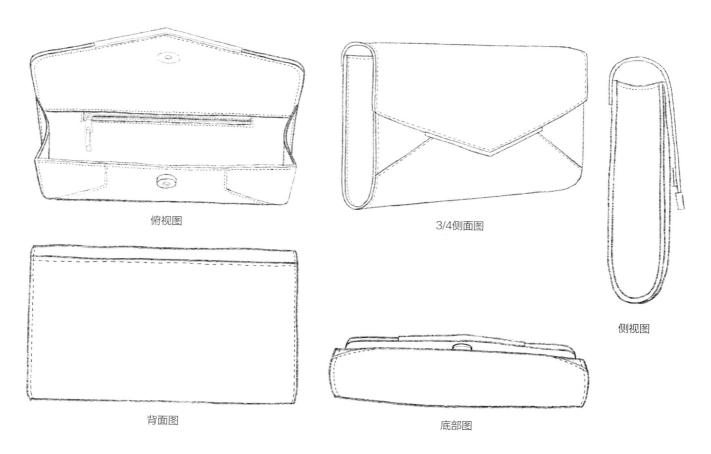

俯视图

3/4侧面图

侧视图

背面图

底部图

◎ 水桶包

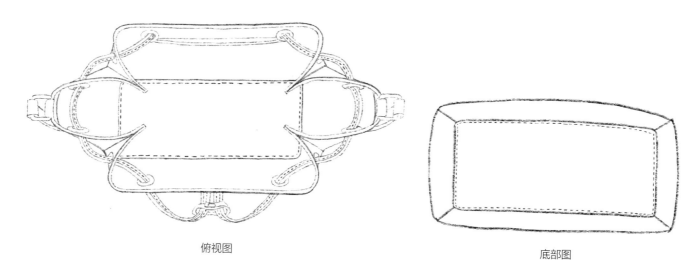

俯视图

底部图

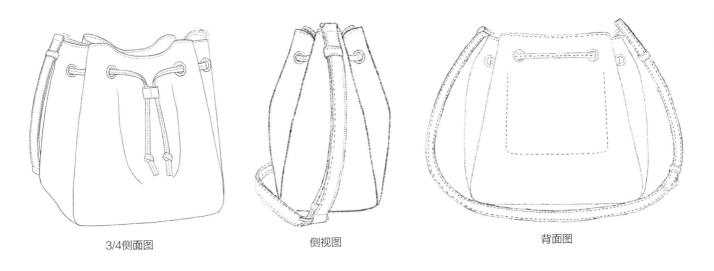

3/4侧面图　　　　　　　侧视图　　　　　　　　　　背面图

◎ 波士顿包

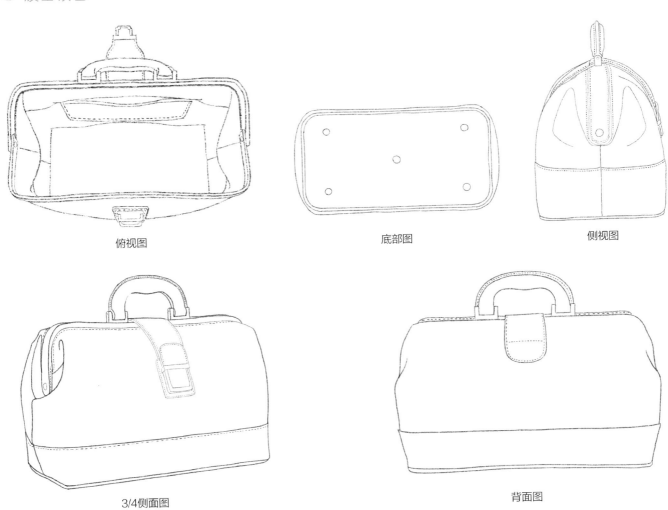

俯视图　　　　　　　　　底部图　　　　　　　　　侧视图

3/4侧面图　　　　　　　　　　　　　背面图

6.1.3 包的绘画技法

◎ 链条包

Step1 先用铅笔轻轻绘制出包的整体轮廓。

Step2 仔细刻画包的细节，将包的链条、搭扣、蝴蝶结清晰地画出来。

Step3 根据包的实际颜色，用马克笔以平涂的方式进行上色。

Step4 对包的链条和搭扣的金属暗部进行加深。

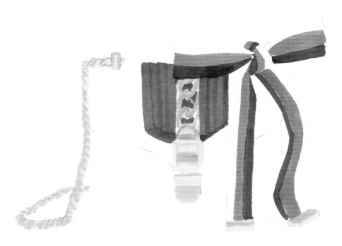

Step5 细化链条和搭扣，同时对蝴蝶结和包的第2层包盖的暗部进行加深，塑造出立体感。

Step6 细化蝴蝶结和包包的搭扣，用油性彩铅对暗部进行再次加深，注意留出高光部分。

Step7 对包的暗部加深后，再用白色油性彩铅对包的亮部进行提亮。

Step8 用高光笔对金属搭扣和链条进行提亮，最后调整画面，完成包的绘画。

Step1 用铅笔绘制出包的外形。

Step2 用铅笔绘制出鳄鱼皮的纹理，注意纹理不要太有规律。

Step3 用平涂的方式画出包的底色，然后用深一号的马克笔对鳄鱼皮的纹理进行第1层颜色绘制。

Step4 刻画鳄鱼皮的纹理，对纹理的暗部进行加深。

Step5 用油性彩铅仔细刻画鳄鱼皮的纹理。

Step6 用白色油性彩铅，对包的亮部进行提亮，画出包的立体感。

Step7 用黑色彩铅对包的暗部进行加深，然后用白色高光提亮笔进行提亮，塑造出包的光泽感。

6.2 鞋的结构塑造与绘画技法

6.2.1 鞋的种类

鞋是继服装后另一个大的设计板块，鞋也会受到服装流行趋势的影响。每种鞋的设计会随着时间和流行趋势不断变化，包括高度、宽度和材质等。

◎ 运动鞋

运动鞋

网球运动鞋

◎ 靴类

战斗靴

登山靴

马靴

踝靴

雪地靴

澳洲靴

◎ 休闲鞋

角斗士鞋

多尔塞侧空平底鞋

可折叠式芭蕾舞鞋

芭蕾舞鞋

麻布坡跟鞋

阿德莱德鞋

◎ 高跟鞋

高帮球鞋

橡胶底帆布鞋

多尔塞侧空高跟鞋

双搭扣高跟鞋

T字形高跟鞋

牛津底鞋

尖头高跟鞋

懒人高跟鞋

6.2.2 鞋的结构分析

◎ 高跟鞋

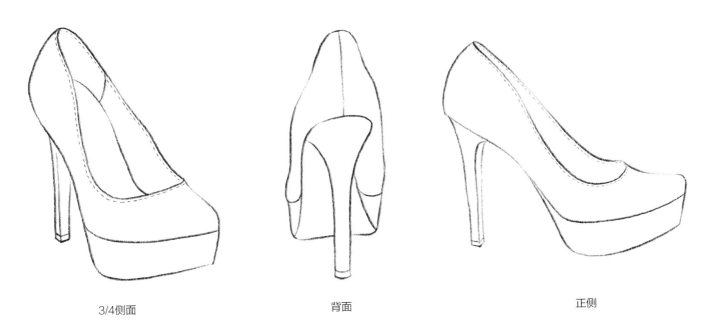

3/4侧面　　　　　　　　　背面　　　　　　　　　正侧

◎ 高跟凉鞋

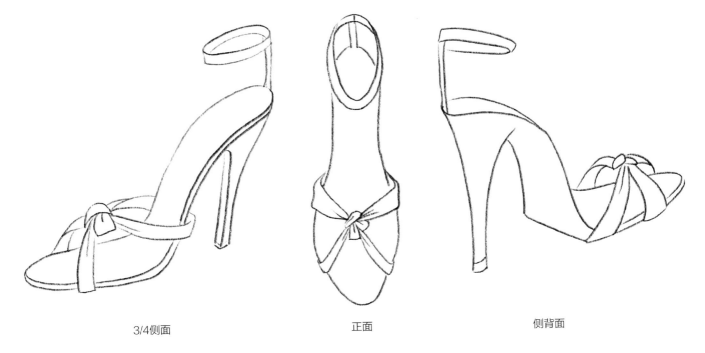

3/4侧面　　　　　　　　　正面　　　　　　　　　侧背面

6.2.3 鞋的绘画技法

◎ 女士高跟鞋

Step1 绘制出高跟鞋的基本结构。

Step2 根据高跟鞋的颜色，用油性彩铅描摹底稿，以免用马克笔上色时出现混色的问题，造成画面不够干净。

Step3 用红色马克笔绘制高跟鞋的底色，高光部分要有适当的留白，塑造出高跟鞋的立体感。同时绘制高跟鞋的搭扣颜色。

Step4 用深一号的大红色对高跟鞋的暗部进行加深，同时对高跟鞋内部进行绘制，注意明暗关系，越靠近鞋头和鞋跟的内侧，暗部的颜色越深。

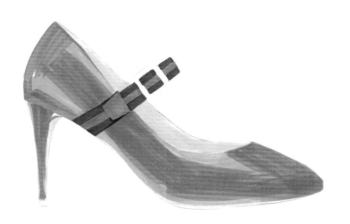

Step5 用温莎·牛顿的白色调和笔对高跟鞋的亮部进行绘制，增加高跟鞋的亮部。

Step6 用红棕色彩铅对高跟鞋的暗部再次加深，然后对高跟鞋上的搭扣进行细致的刻画，暗部加深、亮部提亮，塑造出搭扣的金属光泽感。

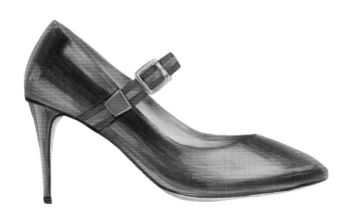 

Step7 深入刻画高跟鞋的细节，画出织带搭扣的螺纹和高跟鞋上的明线，然后对高跟鞋最亮的部位进行提亮，表现出高跟鞋的光泽度，最后调整画面，完成绘制。

◎ 男士皮鞋

Step1 根据男士皮鞋的结构绘制出大致的外形。

Step2 用黑色彩铅对男士皮鞋的线稿进行勾线，然后擦掉多余的铅笔线稿，保持画面整洁，以免造成马克笔上色时出现混色现象。

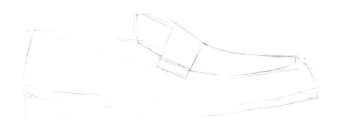

Step3 用Copic CG4号马克笔画出男士皮鞋的底色，然后用CG5号马克笔对暗部进行第1次加深。

Step4 用CG8号马克笔对男士皮鞋的暗部进行第2次加深，每次加深的面积都比之前的面积小，注意留出高光位置，接着绘制皮鞋的内部，注意明暗关系，最后绘制出皮鞋上的织带。

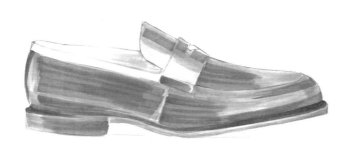

Step5　用CG9号马克笔对暗部进行第3次加深，根据皮鞋的走向进行运笔，运笔速度要快，下笔要果断。

Step6　用温莎·牛顿的白色调和笔对皮鞋的高光处进行初步提亮，运笔速度要快，下笔要果断。

Step7　对男士皮鞋的暗部进行最后一次加深，用黑色彩铅对皮鞋的细节进行细致刻画，然后用白色彩铅对皮鞋的亮部进行过渡，皮鞋的高光要处理得自然一些，接着用白色高光提亮笔对皮鞋的最亮部进行提亮，完成绘制。

6.3 饰品的结构塑造与绘画技法

6.3.1 项链绘制分析

　　画项链的时候要注意项链佩戴的位置，同时由于人体动态的变化会影响项链的形态，而产生透视关系，可以按照项链的实际尺寸与人体的比例，将项链绘制在人物上，以更好地显示出项链的造型和佩戴的方式。画珠宝时，对人物造型简单绘制即可，着重绘画珠宝饰品。

　　项链可以在颈部的上面，也可以围着颈根部，或沿着正面中心线向下垂到胸部。不论是短项链、垂链还是颈链，在绘制时都是从颈根部开始。

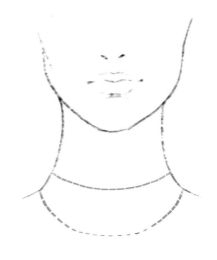

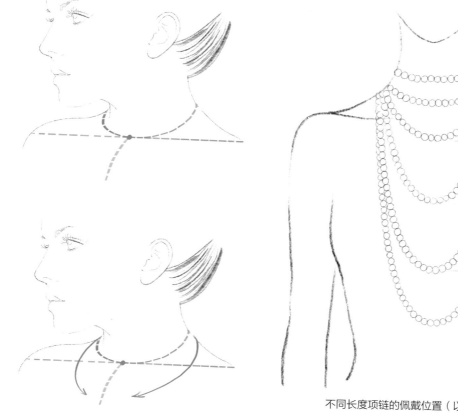

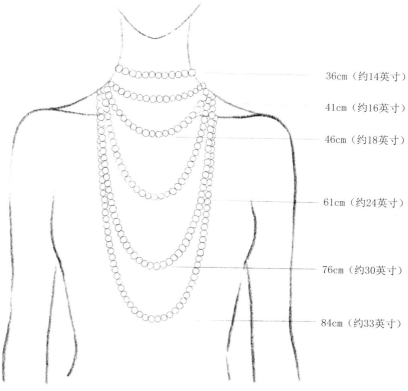

36cm（约14英寸）

41cm（约16英寸）

46cm（约18英寸）

61cm（约24英寸）

76cm（约30英寸）

84cm（约33英寸）

不同长度项链的佩戴位置（以女性人体为例）

6.3.2 耳环绘制分析

　　侧视是展示耳饰最好的视角。为了控制尺寸和显示佩戴的位置，耳饰一般也是画在简单的人物造型上。一般耳环与嘴巴处于同一水平线上，也有一些耳环会吊在下颌轮廓下方。

耳骨
耳屏
耳垂

佩戴耳环的常见位置

6.3.3 饰品的绘画技法

◎ 吊坠

Step1 绘制出吊坠的线稿。

Step2 用彩铅对吊坠的线稿进行勾线，用黄色的彩铅绘制金色部分，用浅咖色的彩铅绘制玫瑰金色的部分，用灰色的彩铅绘制银色部分，然后擦掉多余的铅笔线稿。

Step3 用CG8号马克笔对吊坠的绳子平涂上色，然后用Y11号马克笔对金色部分进行平涂上色，接着用E13号马克笔对玫瑰金部分进行平涂上色，最后用CG2号马克笔对银色部分进行平涂上色。

Step4 绘制出吊坠上的暗部。

Step5 对吊坠的亮部进行大面积绘制，凸显出珠宝的光泽。

Step6 用较细的高光提亮笔对高光处进行细致的刻画，完成绘制。

◎ 钻石耳钉

Step1 用直尺确定耳钉的外形结构，然后绘制出线稿。珠宝的绘制比较复杂，需要耐心完成。

Step2 用彩色铅笔对钻石耳钉进行勾边。用灰色彩铅对钻石部分进行勾边，用黄色彩铅对黄金耳托部分进行勾边。然后擦掉多余的铅笔线稿，保持画面整洁。

Step3 用Copic冷灰色和淡紫灰色马克笔对钻石切面逐一进行绘制，然后对黄金底托进行第1层颜色的绘制。

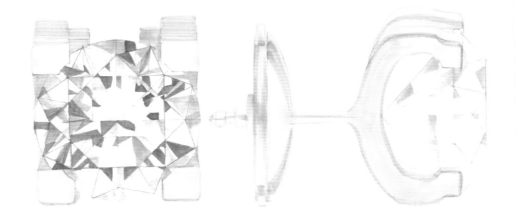

Step4 对钻石部分再次深入刻画，将钻石上的暗部逐一绘制出来，然后对黄金耳托的暗部进行加深。

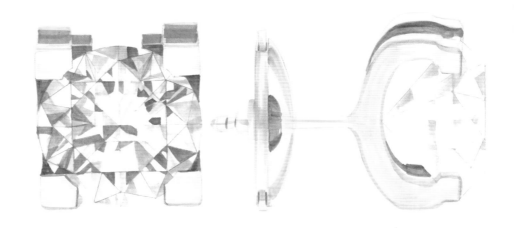

Step5 根据耳钉的光泽度，绘制黄金耳托的明暗交界处。

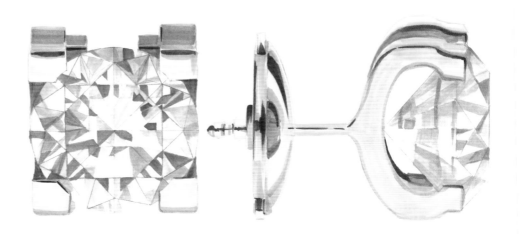

Step6 用彩铅对耳托进行
细节刻画，注意各表面的
颜色过渡，表现出黄金的
光泽度。

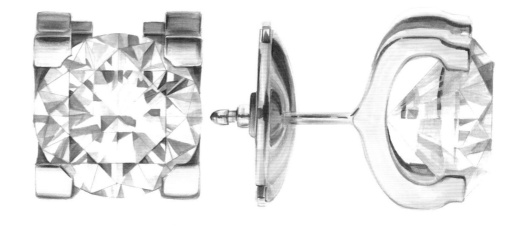

Step7 用藏蓝色、淡紫色、
淡黄色彩铅对钻石的切面逐
一进行绘制，根据钻石的切
割走向进行运笔。

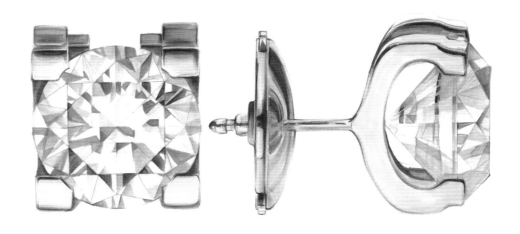

Step8 对钻石的切面用彩铅
逐一细致刻画，绘制钻石切面
时要有耐心。然后调整画面，
对黄金耳托进行颜色过渡，绘
制出黄金的光泽感，接着将高
光处提亮，完成绘制。

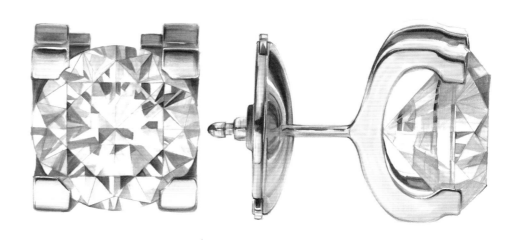

6.4 服装配饰赏析

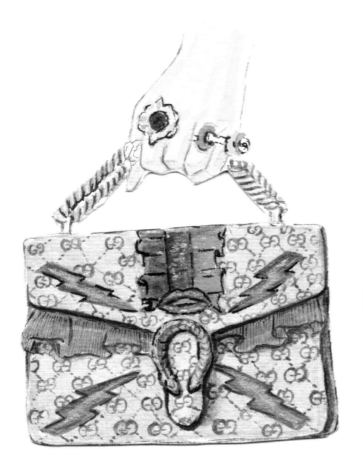

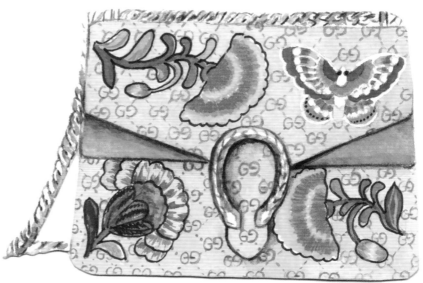

07

作品
赏析

7.1 时装效果图赏析

7.1.1 马克笔手绘时装效果图赏析

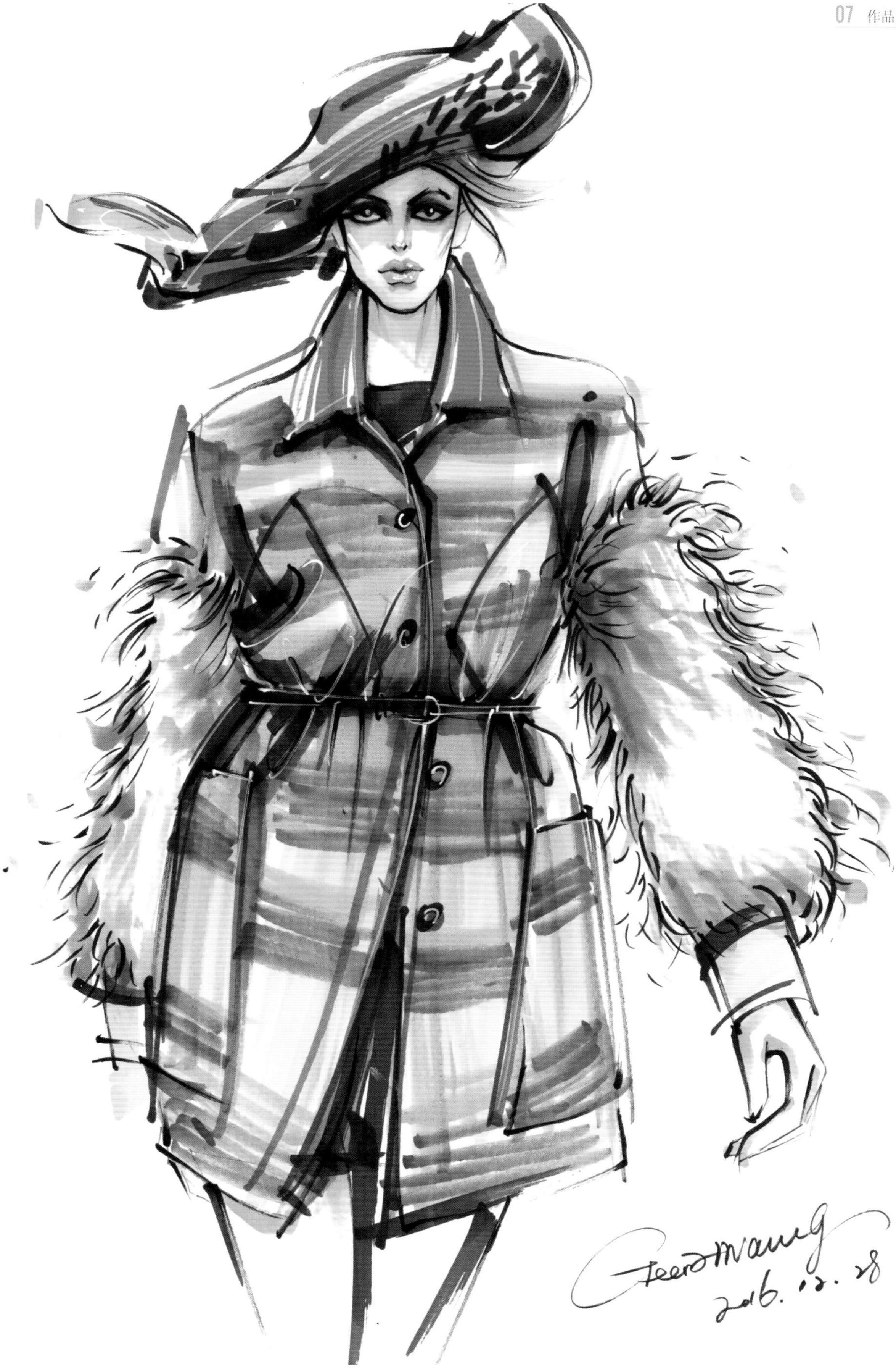

7.1.2 水彩手绘时装效果图赏析